Herausgegeben von B. Wagner und G. Schwarze

KLEINES LEXIKON

der Steuerungs- und Regelungstechnik

Dieter Bär und Hans Fuchs

2., ergänzte und überarbeitete Auflage

SPRINGER FACHMEDIEN WIESBADEN GMBH

REIHE AUTOMATISIERUNGSTECHNIK

RA 101 *Beichelt:* Zuverlässigkeit und Erneuerung
RA 102 *Franke:* Abtastregelkreise mit Relaisreglern
RA 103 *Paulin:* ALGOL-Training
RA 104 *Reinecke/Trenkel:* Automatische Zeichenerkennung – Technische Grundlagen
RA 105 *Reinecke/Trenkel:* Automatische Zeichenerkennung – Geräte und Anlagen
RA 106 *Otto/Peschel:* Anwendung statistischer Methoden in der Regelungstechnik
RA 107 *Bittner:* Pneumatische Meßumformer und Regler
RA 108 *Pabst:* Operationsverstärker

ISBN 978-3-663-01981-7   ISBN 978-3-663-01980-0 (eBook)
DOI 10.1007/978-3-663-01980-0

1971
Lektor: *Jürgen Reichenbach*
Bestell-Nummer: 5040

Einbandgestaltung: *Peter Kohlhase*

Vorwort zur 2. Auflage

Zwischen der 1. und dieser 2. Auflage des „Kleinen Lexikons der Steuerungs- und Regelungstechnik" sind auch die Lexika über „Prozeßmeßtechnik" und „Datenverarbeitung" innerhalb der REIHE AUTOMATISIERUNGSTECHNIK erschienen. Diese beiden Bände setzten deshalb einen Rahmen der Abgrenzung zu diesen Fachgebieten.

In dieser 2., ergänzten und überarbeiteten Auflage wurden im wesentlichen einige gerätetechnische Begriffe und Begriffe neuer Fachgebiete, z.B. der Prozeßrechentechnik, mit aufgenommen.

Als wesentliche Erweiterung wird die dreisprachige Angabe der Begriffe angesehen. Die mehrsprachigen Begriffe sind allerdings nur insofern berücksichtigt, als sich diese äquivalenten Begriffe auch im russischen und englischen Sprachgebrauch durchgesetzt haben.

Bei der Überarbeitung wurden wir durch einige Mitarbeiter des Instituts für Regelungstechnik tatkräftig unterstützt; ihnen sei an dieser Stelle herzlichst gedankt.

Unser Dank gilt auch dem Institut für Regelungstechnik, Berlin, das uns durch interessante Arbeitsgebiete ermöglichte, diesen Band zu überarbeiten.

Die Verfasser

1. Das Lexikon ist nach deutschsprachigen Stichwörtern geordnet, soweit das möglich ist.
2. Ein Pfeil (↑) weist darauf hin, daß das folgende Wort Stichwort dieses Lexikons ist.
3. Die Literaturangaben in eckigen Klammern bei den Stichwörtern beziehen sich auf das Verzeichnis auf S. 107.
4. Die dreisprachigen Stichwörterverzeichnisse findet der Leser für Russisch-Deutsch-Englisch ab S. 92 und für Englisch-Deutsch-Russisch ab S. 77.

Abbildungsgröße mapping value
естественная выходная величина
In der Meßtechnik übliche Bezeichnungsweise
für den Begriff ↑*Informationsparameter* [8].

Abfallwert drop-out value
величина отпадания (отпускания)
ist derjenige Wert, bei dem bei fallender Eingangsgröße keine Änderung der Ausgangsgröße mehr zu merken ist. ↑*Hysterese.*

Ablaufsteuerung operating control
программное управление по состоя-
нию прохождения процесса
Bei einer *Ablaufsteuerung* ist die gesteuerte
Größe nur von den Zuständen (Abläufen) bestimmter Größen der Steuerung selbst und
einem Programm abhängig. Das Programm
gibt an, wie die Ausgangsgrößen des Pro-
grammgebers von den erfaßten Größen der
Steuerung abhängen.
In vielen Fällen sind Ablaufsteuerungen spezielle ↑*Schaltsysteme,* und die Programme werden über Lochkarten, Lochstreifen oder Magnetband in den Programmgeber eingegeben.
Beispiele: Eine Motorpumpe pumpt auf Grund
eines Auslösesignals in einen Behälter Flüssig-
keit. Der Motor wird automatisch abgeschaltet, wenn ein bestimmter Behälterstand erreicht ist, und bleibt abgeschaltet, bis ein
neues Auslösesignal gegeben wird.
Andere Einteilungsgesichtspunkte für Steuerungen führen zu ↑*Zeitplansteuerungen* und
↑*Führungssteuerungen.*

Abtastglied sampling element
элемент развертки
↑*Abtastregelung.*

Abtastregelung sampled-data control
система с обратной связью дискрет-
ных данных
Abtastregelungen (getastete Regelungen) enthalten neben ↑*linearen Übertragungsgliedern*
Abtastglieder, die in äquidistanten Zeitab-
ständen (in der Tastperiode T) das Eingangssignal abtasten. Im Bild a ist das Schema einer
Abtastregelung dargestellt. Die Wirkung des
Abtastglieds wird im Bild b gezeigt. Abtastregelungen findet man z.B. als Regelungen
mit Fallbügelregler oder als Regler mit Kon-
taktthermometer [31].

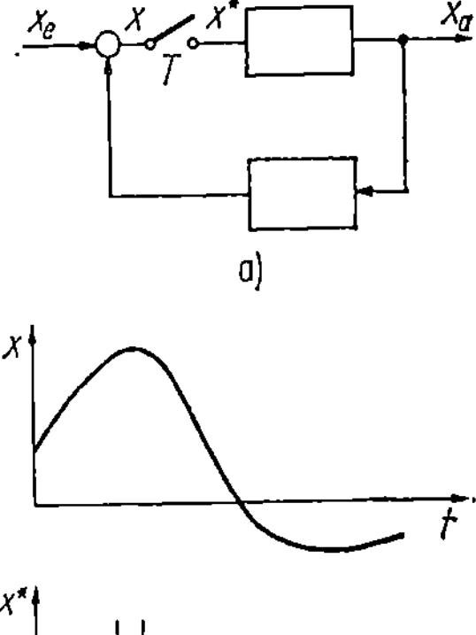

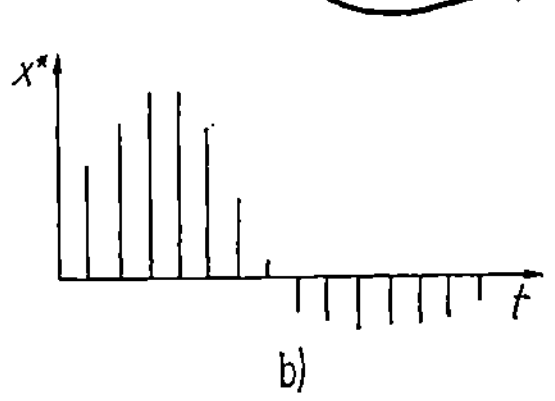

Abweichungsverhältnis
deviation (offset) ratio
коэффициент (отношение) отклонения
Das Abweichungsverhältnis (dynamischer
Regelfaktor) liefert einen frequenzabhängi-
gen Vergleich der Abweichung mit und ohne
Regler. Es läßt sich aus dem ↑*Frequenzgang F_0*
des ↑*aufgeschnittenen Kreises* ermitteln und
folgt der Gleichung

$$\varphi = \frac{1}{F_0 - 1} = |F_{x_w}|$$

Das Abweichungsverhältnis ist also gleich dem
Betrag des Abweichungsfrequenzgangs F_{x_w}.
Wird q in Abhängigkeit von der Frequenz ω
aufgetragen, so lassen sich drei Bereiche er-
kennen, die die Wirkung des Reglers auf der
Strecke charakterisieren (Bild) [3].

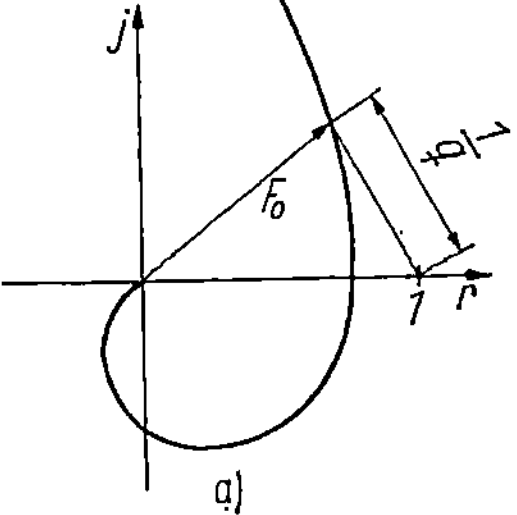

Bereich 1: Für niedrige Frequenzen hat der
Regler die gewünschte Wirkung.

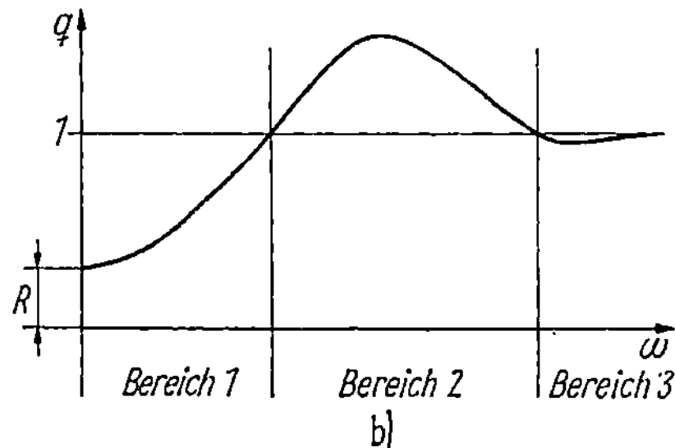
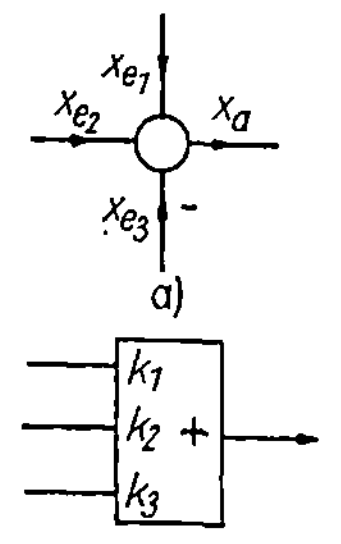

Bereich 2: Wirkung des Reglers vergrößert die Abweichung (unerwünschte Resonanzerscheinungen).

Bereich 3: Bei hohen Frequenzen verliert der Regler seine Wirkung; q nähert sich dem Wert $q = 1$.

Adaptives System — adaptive system

адаптивная система

Adaptive Systeme (selbstanpassende Systeme) sind Systeme der selbsttätigen Regelung (oder Steuerung), bei denen sich der Algorithmus der Regelung (oder Steuerung) selbsttätig und zielgerichtet so ändert, daß eine erfolgreiche (optimale) Beeinflussung des Objektes verwirklicht wird.

Additionsglied — adder

суммирующий блок

Additionsglieder sind spezielle ↑*Rechenglieder*, die die Operation, Addition oder Subtraktion (auch mit bewerteten Eingängen), ausführen. Wird dabei der Soll-Istwert-Vergleich ausgeführt, so wird dieses Bauglied ↑*Vergleichsglied* genannt.

Die symbolische Darstellung des Additionsglieds im ↑*Signalflußplan* ist die ↑*Additionsstelle.*

Additionsstelle — summing point

точка суммирования

Die Additionsstelle ist die symbolische Darstellung eines ↑*Additionsglieds.*

Punkte des ↑*Signalflußwegs*, an denen mehrere ↑*Eingangssignale* additiv zu einem ↑*Ausgangssignal* verknüpft werden, heißen *Additionsstellen.* Sie werden im ↑*Signalflußplan* wie im Bild dargestellt. Es gilt die Gleichung:

$$x_a = x_{e1} + x_{e2} + x_{e3}$$

Zur Kennzeichnung von Subtraktionen wird die Wirkungslinie desjenigen Signals, das sub-

trahiert werden soll, durch ein Minuszeichen rechts neben dem entsprechenden Pfeil gekennzeichnet.

Die Additionsstelle ist ein funktioneller Begriff und entspricht nicht immer einer gerätetechnischen Einheit. Additionsstellen sind z.B. Reglereingangsstufen.

A/D-Umsetzer — analog-digital converter

аналогово-цифровой преобразователь

↑*Analog/Digital-Wandler.*

Aikenkode — Aiken code

код Эйкена

↑*Dezimal-binärer Kode*

Aktives Glied — active element

активный элемент

Ein aktives Glied ist ein ↑*Bauglied,* dem neben der in den verarbeitenden Signalen enthaltenen Energie zusätzliche *Hilfsenergie* zugeführt wird. Gegenteil: ↑*passives Glied.*

Amplitudengang

amplitude frequency response

амплитудно-частотная характеристика

↑*Frequenzgang.*

Amplitudenkennlinie

amplitude characteristic

амплитудная характеристика

↑*Frequenzkennlinie.*

Amplitudenmodulation

amplitude modulation

амплитудная модуляция

Bei ↑*Signalen,* deren ↑*Informationsparameter* durch die *Amplitude* des ↑*Signalträgers* gegeben ist, bezeichnet man die umkehrbar ein-

deutige Zuordnung zwischen den zu signali-
sierenden Informationen und den Werten der
Signalamplitude als Amplitudenmodulation
(↑*Modulation*).
Man spricht dann von amplitudenmodulierten
Signalen.

Amplitudenrand   amplitude margin
фронт амплитуды
↑*Frequenzkennlinie* [3].

Analog-Digital-Wandler *s.* A/D-Umsetzer

Analog/Digital-Wandler (A/D-Umsetzer) wan-
deln analoge ↑*Eingangssignale* in digitale ↑*Ausgangssignale* (Symbol s. Bild).

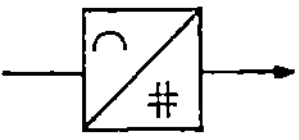

(↑Wandler)
(↑Digitales Signal)

Analoges Signal   analog signal
аналоговый сигнал

Analoge Signale sind ↑*Signale*, deren ↑*Informationsparameter* in gewissen (meist technisch
bedingten) Grenzen beliebige Zwischenwerte
annehmen können (analoge Modulation). Als
Informationsparameter kommen dabei die
Amplitude des ↑*Signalträgers* oder eine andere
durch den zeitlichen Verlauf des Signalträgers
mitbestimmte Hilfsgröße in Frage (z.B. Frequenz oder Phasenlage einer Sinusschwingung; Höhe, Breite, Phasenlage oder Frequenz von Impulsfolgen).
Einen tieferen Einblick in die Besonderheiten,
Vor- und Nachteile der Informationsübertragung und -verarbeitung mit Hilfe analoger
Signale erhält man, wenn man den Zusammenhang zwischen dem analogen Signal und der
ihm aufgeprägten Information (insbesondere
im Fall der Zahlenwertinformation) betrachtet.
Es sei eine Größe gegeben, die in einem zu
signalisierenden Bereich jeden beliebigen
Wert annehmen kann. Die Aufgabe soll darin
bestehen, den zeitlichen Verlauf dieser Größe
mit möglichst hoher Genauigkeit zu signalisieren. Auf den ersten Blick scheint hier ein
analoges Signal besonders gut geeignet, da
sein Informationsparameter über einen Wertevorrat verfügt, der bezüglich seiner Vielfältig-
keit dem der signalisierten Größe entspricht.
Die Signalisierung kann dann so vollzogen

werden, daß mittels einer ↑*Meßeinrichtung*
eine umkehrbar eindeutige Zuordnung zwischen den Punkten des Werteintervalls der
signalisierten Größe und den Punkten des
Werteintervalls des Informationsparameters
hergestellt wird. Diese Zuordnung wird durch
die ↑*statische Kennlinie* der Meßeinrichtung
(Bild a) bewirkt. Dadurch wäre theoretisch
eine unbegrenzte Genauigkeit der Signalisierung denkbar. In der Praxis läßt sich auf diese
Weise jedoch nur eine sehr beschränkte
Genauigkeit erreichen. Diese Genauigkeits-
beschränkungen haben Ursachen, die mit dem
Prinzip der analogen Signalisierung untrennbar verbunden sind. Sie lassen sich nur be-
grenzt graduell, nicht aber prinzipiell ver-
meiden. Die Ursachen bestehen darin, daß
die im Bild a gezeichnete Kennlinie bei technisch realisierten Meßeinrichtungen und
anderen ↑*Übertragungsgliedern* in dieser idealen
Form nicht existiert. Es ergeben sich folgende
Abweichungen:

a) Jede praktisch realisierbare statische Kennlinie hat eine mehr oder weniger starke, im
allgemeinen auch noch arbeitspunktab-
hängige Hysterese.

b) Die Gestalt der Kennlinie sowie ihrer
Hysterese ist eine im allgemeinen sehr
komplizierte Funktion der Parameter der
in der Meßeinrichtung bzw. in den anderen
Übergangsgliedern enthaltenen Bauelemente sowie äußerer Störeinflüsse (Temperatur, Luftfeuchtigkeit usw.).

Alle diese Einflüsse, insbesondere die durch
Alterung oder äußere Störungen hervor-
gerufenen Schwankungen der Bauelemente-
parameter, haben zur Folge, daß die Kennlinien im Lauf der Zeit Veränderungen unterworfen sind. Typisch für das Vorgehen in der
↑*Analogtechnik* ist es nun, daß man versucht,
für die geschilderten Kennlinienwanderungen
Grenzen anzugeben. Man hat dann statt mit
einer genau definierten Kennlinie mit einem
„Kennlinienschlauch" zu rechnen (Bild b), der
durch bestimmte Genauigkeitsforderungen so
festgelegt wird, daß er alle in Frage kommen-
den Kennlinien mit Sicherheit enthält. Die
punktweise Zuordnung zwischen dem Werteintervall der signalisierten Größe und dem
Werteintervall des Informationsparameters
geht dabei natürlich verloren. Nach Vorgabe
des Kennlinienschlauches ist es nur noch möglich, einem Wert x_0 der signalisierten Größe
einen Bereich ΔJ_0 des Informationsparameters
zuzuordnen; umgekehrt kann man von einem

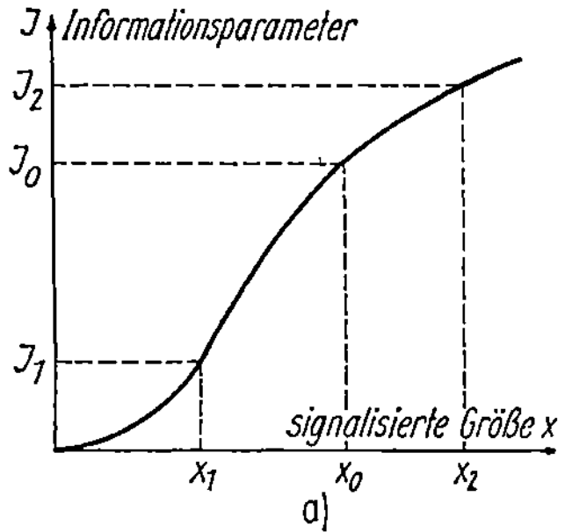

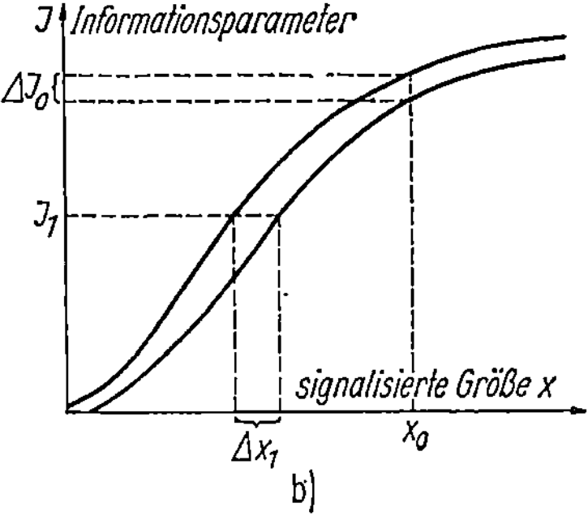

Wert J_1 des Informationsparameters nur auf einen Bereich Δx_1 der signalisierten Größe zurückschließen (Bild b). Die Länge des Bereichs Δx_1 (gemessen in der Maßeinheit der signalisierten Größe) kann als (absoluter) Fehler bei der Signalisierung angesehen werden. Um eine allgemeine (absolute) Fehlerangabe für den gesamten Signalisierungsbereich zu erhalten, muß vom Maximum aller derartigen Bereichslängen Δx ausgegangen werden. Durch Bezugnahme auf die Länge des gesamten Änderungsbereichs der signalisierten Größe kann daraus eine relative (evtl. prozentuale) Fehlerangabe gewonnen werden.

Zu den hier beschriebenen Fehlern der analogen Signalisierung kommen noch diejenigen hinzu, die sich durch Störüberlagerung bei der Signalübertragung ergeben. Durch umfangreiche Signalverarbeitungen können sich schließlich die bereits vorhandenen Fehler in weitgehend unkontrollierbarer Weise überlagern.

Es hat sich herausgestellt, daß der technische Aufwand für Einrichtungen zur Verarbeitung und Übertragung analoger Signale oberhalb gewisser Genauigkeitsforderungen extrem stark ansteigt. Die Praxis hat gezeigt, daß die industrielle Informationsübertragung und -verarbeitung mit Hilfe analoger Signale nur bis zu Genauigkeitsforderungen von etwa 0,1 % wirtschaftlich sind. Diese Grenze hängt auch noch von der Dimension des Signals und von der damit zusammenhängenden Gerätetechnik (Elektrotechnik, Pneumatik, Hydraulik usw.) ab.

Analogrechner   analog computer
вычислительная аналоговая машина

(Analogrechenmaschine, Differentialanalysator)

Rechenanlage auf der Grundlage des Analogieprinzips zur Lösung von Anfangswert- und Randwertproblemen gewöhnlicher Differentialgleichungen, Fourieranalysen, Optimierungsproblemen und Modelluntersuchungen.

Auf Grund seiner Arbeitsweise ist der Analogrechner besonders geeignet, dynamische Systeme zu modellieren (↑*Modellregelkreis*). Wenn das dynamische Verhalten des analogen Systems auf dem Analogrechner im gleichen Zeitmaßstab arbeitet wie das Originalsystem, so spricht man von Simulatoren.

Moderne Analogrechner arbeiten rein elektronisch, die Originalsignale werden durch elektrische Spannungen nachgebildet.

Als Ausgabe der Rechenergebnisse werden Schreibgeräte (x-y-Schreiber, Linienschreiber u.a.) oder analoge oder digitale Anzeigeeinheiten verwendet [11] [17].

Analogtechnik   analog technique
аналоговая техника

Gegenstand der Analogtechnik ist der Entwurf und der Aufbau solcher Teile von Steuerungen und Regelungen, in denen die Informationsübertragung und -verarbeitung mit Hilfe ↑*analoger* ↑*Signale* geschieht.

Analyse einer Steuerung (Regelung)
analyse of control
анализ системы управления (регулирования)
↑*Funktionelle Betrachtung.*

Anlaufwert   warm-up value
обратная величина скорости изменения регулируемой величины

Ältere Begriffsbildung: $A = \dfrac{1}{\tan\alpha}$.

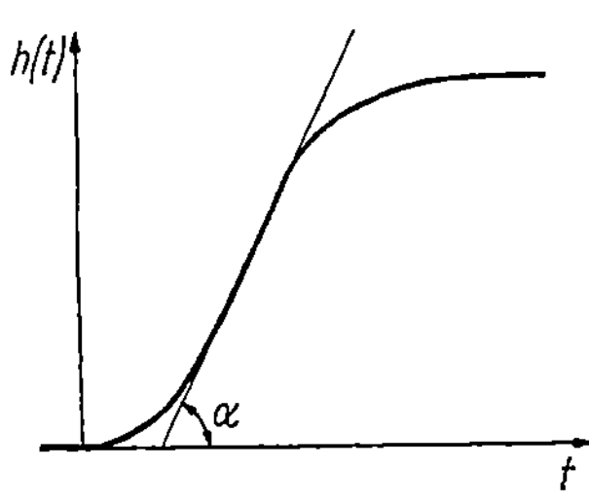

Anregelzeit

settling time, correction time

время действия регулятора

Die *Anregelzeit* T_{an} ist diejenige Zeitspanne, die beginnt, wenn die ↑*Regelgröße* nach einem Führungs- oder Störgrößensprung ein vereinbartes Toleranzband um die ↑*Führungsgröße* verläßt, und die endet, wenn sie in dieses Toleranzband erstmalig wieder eintritt. Das Toleranzband wird durch die Genauigkeit der Regelung und durch die Aufgabenstellung festgelegt und kann z.B. ±1 % betragen. Störungen, die sich nur innerhalb dieses Toleranzbands auswirken, bringen die ↑*Regeleinrichtung* nicht zum Ansprechen.

Im Bild wird T_{an} für einen Führungsgrößensprung gezeigt (↑*Ausregelzeit* T_{aus}).

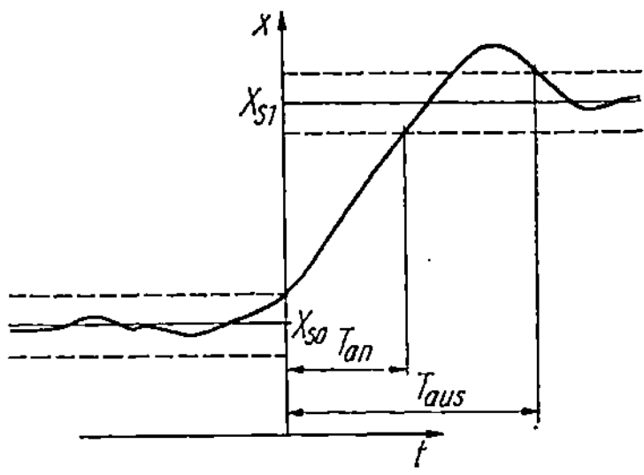

Ansprechempfindlichkeit

response sensitivity

порог чувствительности

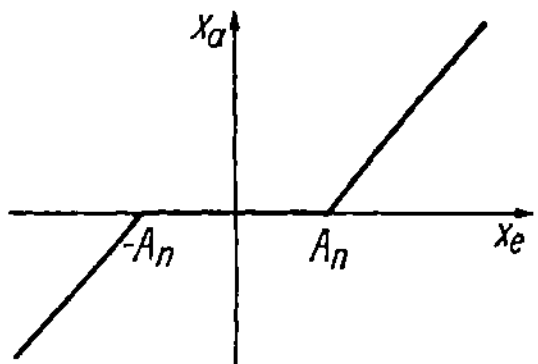

Bei einem ↑*Übertragungsglied* mit Ansprechempfindlichkeit ändert sich die Ausgangsgröße erst ab einem bestimmten Wert der Eingangsgröße (Ansprechwert A_n) [8].

Die statische Kennlinie eines Übertragungsglieds mit Ansprechempfindlichkeit ist im Bild dargestellt.

Ansprechwert   pick-up value

порог чувствительности, параметр срабатывания

Der Ansprechwert eines Übertragungsglieds ist derjenige Wert der Eingangsgröße, bei dem bei steigender Eingangsgröße erstmalig eine merkliche Änderung der Ausgangsgröße auftritt. ↑*Hysterese*, ↑*Ansprechempfindlichkeit*.

Anstiegsantwort   damp response

реакция на линейное воздействие

Reaktion eines ↑*Übertragungsglieds* auf eine ↑*Anstiegsfunktion*.

Anstiegsfunktion

Anstiegsfunktionen werden mitunter statt ↑*Sprungfunktionen* zur Prüfung von Regelkreisen oder deren *Übertragungsgliedern* als Eingangssignal verwendet [3].

Die Zeitfunktion einer Anstiegsfunktion ist im Bild dargestellt. Es gilt $x = at$.

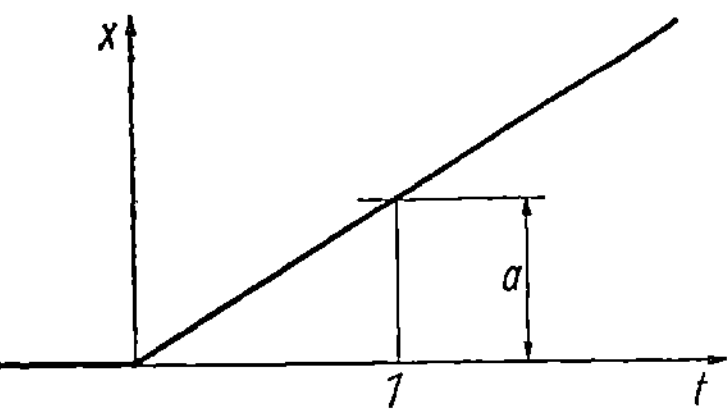

Arbeitsbewegung einer Regelung

рабочий ход системы регулирования

↑*Zweipunktregelung*.

Arten der Betrachtung

виды рассмотрения

Steuerungen und Regelungen können *funktionell* und *gerätetechnisch* betrachtet werden (↑*Funktionelle Betrachtung*, ↑*Gerätetechnische Betrachtung*).

Astatisches Glied *s*. I-Glied

Ältere Bezeichnung für ↑*I-Glied*.

Aufgabengröße *s.* Sollwert

Die *Aufgabengröße* einer Steuerung oder Regelung ist diejenige Größe, deren Beeinflussung gemäß der gestellten Aufgabe das Ziel der Steuerung oder Regelung ist. Auch Größenzusammenhänge können Aufgabengrößen sein.

Der *Aufgabenwert* ist der Sollwert der Aufgabengröße.

In manchen Regelungen unterscheiden sich *Regelgröße x* und *Aufgabengröße*, vor allem dann, wenn die Aufgabengröße nicht direkt oder mit großem Aufwand meßtechnisch erfaßbar ist.

Beispiel

Aufgabe: Regelung der Dicke von Folien. Die *Aufgabengröße* ist die Foliendicke mit der Dimension Millimeter.

Ausgeführte Regelung: Die gleichmäßige Dicke wird durch die Messung der Masse je Flächeneinheit der Folie erreicht. *Regelgröße:* Masse je Flächeneinheit.

Aufgabenwert *s.* Sollwert

Der *Aufgabenwert* ist der ↑*Sollwert* der *Aufgabengröße*.

Aufgeschnittener Regelkreis   open loop

резомкнутая система регулирования
↑*Stabilität*

Ausgabeglied   output unit

звено вывода, элемент выдачи

Ausgabeglieder sind ↑*Bauglieder*, mit deren Hilfe ↑*Signale* oder ↑*Informationen* von der jeweiligen Anlage nach außen abgegeben werden.

Im Fall der Signalausgabe handelt es sich um Bauglieder, die Signale aus der jeweiligen Anlage zum Zweck der Anzeige, Registrierung oder der Weiterleitung an andere Anlagen erfassen. Im Fall der Informationsausgabe handelt es sich um Bauglieder, die den Informationsgehalt der von ihnen erfaßten Signale ihren externen Speichern zuführen (z. B. Lochkarten, Lochbänder, Magnetbänder, bedruckte Streifen usw.).

Beispiele: Linienschreiber als registrierende Ausgabeglieder der Gesamtanlage; Stellantrieb als Ausgabeglied der Regelanlage; Streifendrucker als Ausgabeglied (Informationsausgabe) der Gesamtanlage.

Ausgangssignal   output signal

выходной сигнал

Ausgangssignal (eines ↑*Gliedes*) heißt jedes ↑*Signal*, das am Ausgang eines Gliedes abgegeben wird.

Ausgleichswert   adjusted value

величина компенсации

Der Ausgleichswert q ist der Kehrwert des ↑*Übertragungsfaktors* K $(q = 1/K)$; veraltete Bezeichnung.

Ausgleichszeit

время компенсирования, время выравнивания
↑*Kennwertermittlung*.

Ausregelzeit

settling time, correction time

время действия регулятора, время регулирования

Die *Ausregelzeit* T_{aus} ist diejenige Zeitspanne, die beginnt, wenn die ↑*Regelgröße* nach einem Stör- oder Führungsgrößensprung ein vereinbartes Toleranzband um die ↑*Führungsgröße* verläßt, und sie endet, wenn sie in dieses Toleranzband zum dauernden Verbleib wieder eintritt.

Die Größe des Toleranzbands richtet sich nach der Aufgabenstellung der *Regelung*, der Genauigkeit und nach dem Ansprechwert der ↑*Regeleinrichtung* und kann z.B. $\pm 1\,\%$ betragen (↑*Anregelzeit* T_{an}).

Die *Ausregelzeit* für einen Führungsgrößensprung ist unter Anregelzeit im Bild angegeben.

Ausschalttor   switch-off gate

ключевая схема выключения

Ein ↑*Torglied* mit einem Eingang und einem Ausgang, das bei Betätigung ausschaltet.

Automatische Regelung

automatic regulation, self-regulation

автоматическая система регулирования, автоматическое регулирование
↑*Selbsttätige Regelung*.

Automatische Steuerung   automatic control

автоматическая система управления, автоматическое управление
↑*Selbsttätige Steuerung*.

Ausschlagsverfahren

метод измерения по отклонению стрел-
ки

Das Ausschlagsverfahren ist ein Arbeitsprinzip für ↑*Wandler* zur Messung oder Wandlung
physikalischer Größen [8].
Die Eingangsgröße wird hierbei durch einen
physikalischen Effekt (z.B. mit einem Meß-
werk, Wellrohr oder Feder) direkt – ohne
Rückführung und ohne Nullabgleich – in das
Ausgangssignal umgewandelt. Ein Wandler
nach diesem Verfahren entzieht dem Meßobjekt Energie. Bei energiearmen Meßobjek-
ten können hierdurch Fehler auftreten. Der
Fehler ist aber auch von der Güte der mechanischen bzw. elektrischen Bauelemente abhängig.
Der Gegensatz zu diesem Verfahren ist das
↑*Kompensationsverfahren.*

Automatisierungsgrad   level of automation
степень автоматизации

Für den Automatisierungsgrad hat sich noch
keine einheitliche Definition durchgesetzt.
Zwei mögliche Definitionen sollen hier angegeben werden [13].
Die erste Definition (sog. UNO-Formel) geht
von der Anzahl der Arbeiter aus:

$$A_g = \frac{PA_{K\ddot{u}} + J_{K\ddot{u}}}{PA_{ges} + J_{K\ddot{u}}} \cdot 100$$

A_g Automatisierungsgrad
$PA_{K\ddot{u}}$ Produktionsarbeiter mit Kontroll- und
    Überwachungsfunktionen
$J_{K\ddot{u}}$ ingenieurtechnisches Personal mit Kon-
    troll- und Überwachungsfunktionen
PA_{ges} Produktionsarbeiter gesamt

Günstiger scheint die Definition zu sein, die
von der Anzahl der automatisierten Teiloperationen zu der Gesamtzahl der Operationen
eines Produktionsprozesses ausgeht:

$$A_g = \frac{\sum_i TO_{iA}}{TO_{ges}}$$

TO_{iA} automatisierte Teiloperationen
TO_{ges} Anzahl der gesamten Teiloperationen
    eines Prozesses

Die Berechnung des Automatisierungsgrads
dient u.a. dazu, Entscheidungen für weitere
Automatisierungsvorhaben zu planen und
Vergleiche über den Stand der Automatisierung von Produktionsprozessen anstellen zu
können.

B

Bauglied   element
элемент конструкции, модуль

Stehen bei einem Gerät, einer Gerätegruppe
oder einem Geräteteil die Stellung und Funktion in einer Steuer- oder Regelanlage im Vordergrund der Betrachtung, so ist es als *Bauglied* zu bezeichnen.
Die Benennung von Geräten, in denen mehrere Bauglieder zusammengestellt sind, ist
nach dem für die Erfüllung der Regel- oder
Steueraufgabe wichtigstem Bauglied zu wählen.

Befehlssignal   command signal
командный сигнал

Ein Befehlssignal ist ein ↑*Signal,* das als Information einen Befehl überträgt, z.B. als Ausgangsgröße einer Eingabeeinrichtung (Schal-
ter, Schaltuhr, Kurvenscheibe, Magnetband
u.a.m.).

Beharrungszustand   steady-state condition
установившийся режим

Im Beharrungszustand eines ↑*Regelkreises*
sind alle Einschwingvorgänge abgeklungen;
der Kreis befindet sich in Ruhe.

Binäres Elementarglied
   binary elementary unit
элементарное бинарное звено

↑*Binäre Schaltsysteme* werden durch Netz-
werke binärer Elementarglieder realisiert
[5] [18].
Für die Realisierung speicherfreier binärer
Schaltsysteme reichen folgende Arten von binären Elementargliedern aus:

1. Negatoren (NICHT-Glieder)
2. UND-Glieder (Konjunktionsglieder)
3. ODER-Glieder (Disjunktionsglieder)

Ein NICHT-Glied (Negator) ist ein binäres
Elementarglied mit einem binären Eingangssignal x und einem binären Ausgangssignal y,
bei dem das Ausgangssignal stets den ent-
gegengesetzten ↑*Signalwert* des Eingangssignals
annimmt. Bild a zeigt die ↑*Schaltbelegungstabelle* und das allgemeine Symbol eines
NICHT-Gliedes.
Ein UND-Glied (Konjunktionsglied) ist ein
binäres Elementarglied mit $n \geq 2$ Eingangssignalen $x_1, ..., x_n$ und einem Ausgangssignal y, bei dem das Ausgangssignal genau
dann den ↑*Signalwert* L annimmt, wenn *alle*

Eingangssignale den Signalwert L annehmen. Bild b zeigt die ↑*Schaltbelegungstabelle* und das allgemeine Symbol eines UND-Gliedes mit 3 Eingangssignalen.

Ein ODER-Glied (Disjunktionsglied) ist ein binäres Elementarglied mit $n \geqq 2$ Eingangssignalen $x_1, ..., x_n$ und einem Ausgangssignal y, bei dem das Ausgangssignal genau dann den Signalwert L annimmt, wenn mindestens ein Eingangssignal den Signalwert L aufweist. Bild c zeigt die ↑*Schaltbelegungstabelle* und das allgemeine Symbol eines ODER-Gliedes mit 3 Eingangssignalen.

Zur Realisierung sequentieller Schaltsysteme kommen zu den bereits genannten binären Elementargliedern speichernde binäre Elementarglieder hinzu. Am häufigsten werden in diesem Zusammenhang Flipflops verwendet.

Ein Flipflop ist ein binäres Elementarglied mit zwei Eingangssignalen x_s und x_l sowie einem Ausgangssignal y. Hat *nur* das Eingangssignal x_s (Speichersignal) den Signalwert L, so nimmt das Ausgangssignal y den Signalwert L an. Hat umgekehrt *nur* das Eingangssignal x_l (Löschsignal) den Signalwert L, so nimmt das Ausgangssignal y den Signalwert O an. Hat *keines* der beiden Eingangssignale den Signalwert L, so behält das Ausgangssignal y seinen bisherigen Signalwert bei. Sind schließlich *beide* Eingangssignalwerte gleich L, so führt dies je nach Art des Flipflops zu einer verbotenen Eingangskombination, zur Speicherung oder zur Löschung des Flipflops. Bild d zeigt Schaltbelegungstabelle und allgemeines Symbol des Flipflops.

Zur Realisierung speicherfreier binärer Schaltsysteme werden häufig auch sog. *NAND-Glieder* bzw. *NOR-Glieder* als Elementarglieder verwendet. Beliebige speicherfreie Schaltsysteme lassen sich sowohl unter ausschließlicher Verwendung von NAND-Gliedern als auch unter ausschließlicher Verwendung von NOR-Gliedern realisieren.

Bei einem NAND-Glied (*NON AND*) handelt es sich um ein binäres Elementarglied, das die negierte Konjunktion der Eingangssignale erzeugt (Bild e).

Bei einem NOR-Glied (*NON OR*) handelt es sich um ein binäres Elementarglied, das die negierte Disjunktion der Eingangssignale erzeugt (Bild f).

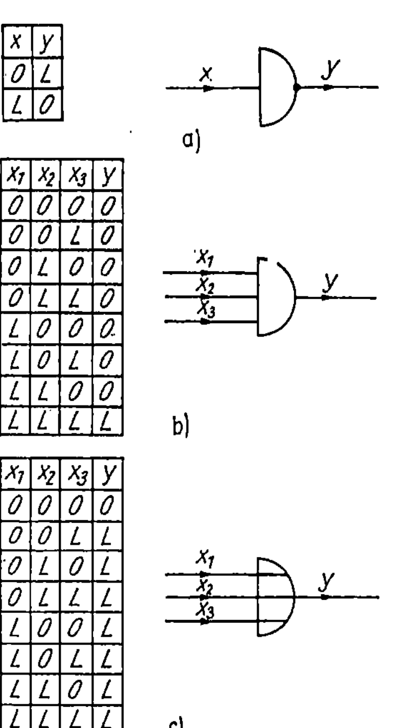

x	y
0	L
L	0

a)

x_1	x_2	x_3	y
0	0	0	0
0	0	L	0
0	L	0	0
0	L	L	0
L	0	0	0
L	0	L	0
L	L	0	0
L	L	L	L

b)

x_1	x_2	x_3	y
0	0	0	0
0	0	L	L
0	L	0	L
0	L	L	L
L	0	0	L
L	0	L	L
L	L	0	L
L	L	L	L

c)

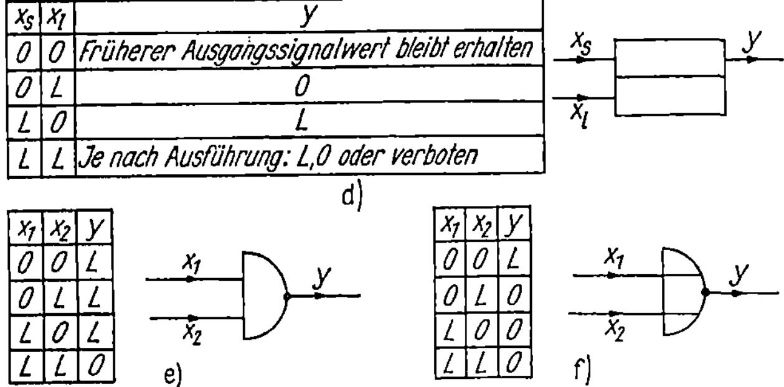

x_s	x_l	y
0	0	Früherer Ausgangssignalwert bleibt erhalten
0	L	0
L	0	L
L	L	Je nach Ausführung: L,0 oder verboten

d)

x_1	x_2	y
0	0	L
0	L	L
L	0	L
L	L	0

e)

x_1	x_2	y
0	0	L
0	L	0
L	0	0
L	L	0

f)

Binäres Schaltsystem binary number system
бинарная система

Ein binäres Schaltsystem ist ein ↑*Übertragungsglied*, das binäre ↑*Eingangssignale* zu binären ↑*Ausgangssignalen* verarbeitet.
Binäre Schaltsysteme werden nach den Methoden der ↑*Schaltalgebra* aus ↑*binären Elementargliedern* (z.B. Negatoren, ODER-Gliedern, UND-Gliedern, Flipflops) aufgebaut.
Ein binäres Schaltsystem wird als *speicherfrei* bezeichnet, wenn in jedem Zeitpunkt die ↑*Signalwerte* aller binären Eingangssignale die Signalwerte aller binären Ausgangssignale eindeutig bestimmen. Beliebige speicherfreie binäre Schaltsysteme lassen sich aus Netzwerken von Negatoren, UND-Gliedern und ODER-Gliedern realisieren. Insbesondere läßt sich daher jedes speicherfreie binäre Schaltsystem aus Reihen-Parallel-Schaltungen von Relaiskontakten aufbauen. Speicherfreie binäre Schaltsysteme werden gelegentlich auch als binäre *Schaltkreise* bezeichnet.
Ein binäres Schaltsystem wird als *speicherbehaftet* oder als *sequentiell* bezeichnet, wenn es binäre Speicherglieder (↑*Flipflops*, ↑*Verzögerungsglieder*) enthält. In diesem Fall hängen die ↑*Signalwerte* der binären Ausgangssignale, außer von den Signalwerten der binären Eingangssignale, in jedem Zeitpunkt auch von den Zuständen der binären Speicherglieder ab. Sequentielle binäre Schaltsysteme werden gelegentlich auch als binäre *Schaltwerke* bezeichnet.

Binäres Signal binary signal
бинарный сигнал

Ein ↑*Signal* mit genau einem ↑*Informationsparameter* heißt binär, wenn dieser Informationsparameter nur zwei verschiedene (im allgemeinen mit L bzw. O symbolisierte) Werte annehmen kann.

Binärkode binary code
двоичный (бинарный) код

Unter einem Binärkode versteht man einen ↑*Kode* für ein solches ↑*digitales Signal*, bei dem alle Informationsparameter *binär* sind, also nur zwei durch O bzw. L symbolisierte Werte annehmen können. Die bei einem Binärkode auftretenden ↑Kodewörter bestehen daher nur aus den Zeichen O und L. Jede einzelne Stelle eines binären Kodeworts heißt ↑*Bit*. Die bekanntesten Binär*kodes* sind der ↑*Dualkode* und die ↑*dezimal-binären Kodes* (↑*dezimal-*

dualer Kode, ↑*Dreiexzeßkode,* ↑*Aikenkode)* [18].

Bit bit
бит

Ein Bit ist eine einzelne Stelle eines ↑*Binärkodeworts.* Häufig wird auch der zugehörige binäre ↑*Informationsparameter* als ein Bit bezeichnet. Hiervon ist die in der Informationstheorie gebräuchliche Maßeinheit 1 bit für die Informationsmenge zu unterscheiden [13] [18].

Bleibende Regelabweichung
offset, steady-state error
установившаяся ошибка регулирования

Die bleibende Regelabweichung X_B ist die im eingeschwungenen Zustand der ↑*Regelgröße* vorhandene ↑*Regelabweichung* [3].
Für einen Störsprung ist X_B im Bild angegeben.

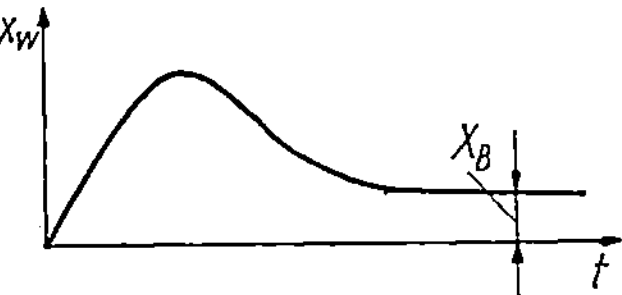

Block block
блок

In ↑*Signalflußplänen* (Blockschaltplänen) werden die einzelnen ↑*Übertragungsglieder* einer ↑*Steuerung* oder ↑*Regelung* durch Blöcke symbolisiert.
Für die Darstellung der Blöcke gibt TGL 14091 Hinweise. Einige Beispiele für die Darstellung sind in den Bildern angegeben [3].
Zur näheren Kennzeichnung des Übertragungsverhaltens der Glieder werden in diese Blöcke ↑*Übertragungsfunktionen* ↑*Frequenzgänge,* ↑*statische Kennlinien* eingetragen (Bilder).

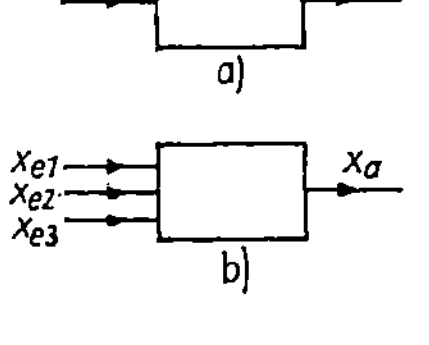

Lineares Glied mit einem Eingangssignal

Lineares Glied mit mehreren Eingangssignalen

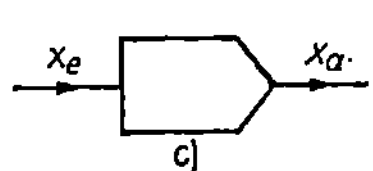

Nichtlineares Glied mit einem Eingangssignal

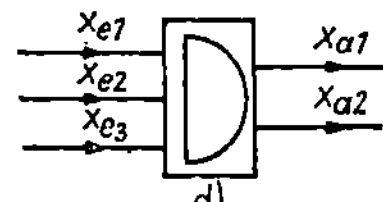

Binäres Glied mit mehreren Eingangssignalen und mehreren Ausgangssignalen

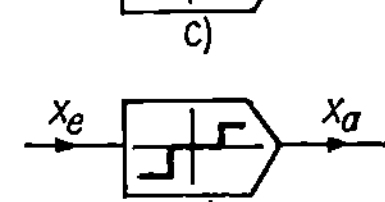

Lineares Glied mit eingetragener Übergangsfunktion

Lineares Glied mit eingetragenem Frequenzgang

Nichtlineares Glied mit eingetragener statischer Kennlinie

Dreipunktglied mit eingetragener Kennlinie

Blockschaltplan
↑*Signalflußplan.*

BMSR-Technik
process instrumentation and control engineering

техника измереиия, управления и регулирования производственных процессов

Abkürzung für Betriebsmeß-, Steuerungs- und Regelungstechnik.

Bodediagramm   Bode diagram
диаграмма Боде

Eine mögliche, aber nicht sehr häufige Bezeichnung für ↑*Frequenzkennlinien* [9].

Boolesche Algebra   Boolean algebra
алгебра Буля

Am Ende des 19. Jahrhunderts von *G. Boole* aufgestellter Rechenkalkül für die logische Verknüpfung von Aussagen. Aus der Booleschen Algebra hat sich die moderne mathematische Aussagenlogik entwickelt, deren Interpretation im Hinblick auf die Verknüpfung ↑*binärer Signale* die ↑*Schaltalgebra* darstellt.

C

Code *s.* Kode
↑*Kode.*

D

D/A-Umsetzer, D/A-Wandler
digital-analog converter

дискретно-аналоговый преобразователь

↑*Digital/Analog-Wandler* [5].

Dämpfung   attenuation
затухание, демпфирование, успокоение

↑*Einschwingverhalten.*

Dauerschwingung   limit cycle
незатухающие колебания

↑*Einschwingverhalten.* ↑*Stabilität.*

Datalogger   data logger
прибор регистрации данных

Aus dem englischen Sprachgebrauch entnommener Begriff für ↑*Meßwerterfassungssystem* [5].

DDC-Regelung   direct digital control
прямое цифровое регулирование

DDC-Regelung ist ein besonderes Verfahren der Realisierung von Regel- und Steuerfunktionen mit ↑*Prozeßrechnern.* Das mittels Programmen, Meßwerten und Daten erzeugte digitale Steuersignal wird dabei nicht als Führungsgröße einem konventionellen Regler aufgeschaltet, sondern direkt als Stellsignal einer ↑*Stelleinrichtung* zugeführt. Es entfallen also bei diesem Verfahren die sonst notwendigen Einzelregler. Zur Anpassung ist eine Steuersignaleinheit nötig, die die digitalen Signale in eine für die Stelleinrichtungen geeignete Form umsetzt, z. B. in analoge, inkrementale oder auch ↑*Mehrpunktsignale.*

D/D-Umsetzer, D/D-Wandler
digital-digital converter

дискретно-дискретный преобразователь

↑*Digital/Digital-Wandler.*

Dezimal/binärer Kode   bidecimal-code
двоично-десятичный код

Ein dezimal-binärer ↑*Kode* ist dadurch gekennzeichnet, daß jede einzelne Dezimalziffer unabhängig von allen anderen für sich allein verschlüsselt wird. Das Gesamtkodewort ergibt sich dann dadurch, daß die einzelnen Teilkodewörter jeder einzelnen Dezimalziffer der zu signalisierenden Zahl in der durch die dezimale Stellenwertigkeit bestimmten Reihenfolge aneinandergefügt werden [18].

Die wichtigsten dezimal-binären Kodes sind der *dezimal-duale Kode*, der *Dreiexzeßkode* (Stibitzkode) und der *Aikenkode*.

Beim dezimal-dualen Kode (auch direkter Kode, direkt tetradischer Kode oder direkt dezimal-tetradischer Kode genannt) wird jede einzelne Dezimalziffer der zu signalisierenden Dezimalzahl unabhängig von allen anderen im ↑*Dualkode* verschlüsselt. Da zur dualen Verschlüsselung der Dezimalziffern 0, 1, 2, ..., 9 vierstellige Kodewörter erforderlich sind (Bild a), werden insgesamt $4 \cdot n$ Informationsparameter benötigt, um eine n-ziffrige Dezimalzahl zu signalisieren. Die einzelnen vierstelligen Teilkodewörter zur Verschlüsselung jeweils einer Dezimalziffer werden als *Tetraden* bezeichnet.

Beispiel: Der Zahlwert 694,73 läßt sich durch 20 Informationsparameter (20stelliges Kodewort) im dezimal-dualen Kode folgendermaßen darstellen:

6	9	4 ,	7	3
OLLO	LOOL	OLOO,	OLLL	OOLL

Der dezimal-duale Kode ist in dem Sinn *redundant*, daß für jede Dezimalstelle die Kodewörter LOLO bis LLLL (Dualwerte 10 bis 15) keine Bedeutung besitzen. Diese bedeutungslosen Teilkodewörter werden als *Pseudotetraden* bezeichnet.

Der Dreiexzeßkode unterscheidet sich vom dezimal-dualen Kode nur darin, daß bei der Verschlüsselung der einzelnen Dezimalziffern die Zuordnung zwischen diesen Ziffern und den vierstelligen Kodewörtern (Tetraden) anders getroffen wird. Hier wird eine beliebige Dezimalziffer z mit $0 \leq z \leq 9$ durch dasjenige Kodewort dargestellt, dessen dualer Wert $z + 3$ ist (Bild b). Diese Eigenschaft hat dem Kode seinen Namen gegeben. Die 6 Tetraden (OOOO bis OOLO sowie LLOL bis LLLL) sind die *Pseudotetraden* des in diesem Sinn ebenfalls redundanten Dreiexzeßkodes.

Der Vorteil des Dreiexzeßkodes gegenüber dem dezimal-dualen Kode besteht darin, daß die für die technische Realisierung der Subtraktion wichtige Operation der Neunerkomplementierung in jeder einzelnen Dezimalstelle in diesem Kode besonders einfach erreicht werden kann. Bild b zeigt, daß man das Kodewort des Neunerkomplements $9 - z$ einer beliebigen Dezimalziffer z einfach dadurch erhält, daß man im Kodewort von z jeden Signalwert (O bzw. L) durch sein Gegenteil (L bzw. O) austauscht.

Kodes dieser Eigenschaft werden als *symmetrische* Kodes bezeichnet.

Dezimal-dualer Kode

Kodewort	Wert
O O O O	0
O O O L	1
O O L O	2
O O L L	3
O L O O	4
O L O L	5
O L L O	6
O L L L	7
L O O O	8
L O O L	9
L O L O	Pseudotetraden
L O L L	Pseudotetraden
L L O O	Pseudotetraden
L L O L	Pseudotetraden
L L L O	Pseudotetraden
L L L L	Pseudotetraden

a)

Dreiexzeßkode

Kodewort	Wert
O O O O	Pseudotetraden
O O O L	Pseudotetraden
O O L O	Pseudotetraden
O O L L	0
O L O O	1
O L O L	2
O L L O	3
O L L L	4
L O O O	5
L O O L	6
L O L O	7
L O L L	8
L L O O	9
L L O L	Pseudotetraden
L L L O	Pseudotetraden
L L L L	Pseudotetraden

b)

Der Aikenkode verwendet zur Darstellung der Dezimalziffern 0, 1, ..., 4 dieselben Kodewörter wie der dezimal-binäre Kode. Die Dezimalziffern 5, 6, ..., 9 werden dagegen durch

Aikenkode

Kodewort	Wert
O O O O	0
O O O L	1
O O L O	2
O O L	3
O L O O	4
O L O L	
O L L O	
O L L L	Pseudo-
L O O O	tetraden
L O O L	
L O L O	
L O L L	5
L L O O	6
L L O L	7
L L L O	8
L L L L	9

c)

die Tetraden LOLL bis LLLL verschlüsselt.
Die mittleren 6 Tetraden der Tabelle (Bild c)
sind Pseudotetraden.
Ebenso wie der Dreiexzeßkode ist auch der
Aikenkode ein symmetrischer Kode, d.h., die
Neunerkomplementierung kann in jeder Te-
trade durch bitweise Negation vollzogen wer-
den.

D-Glied
↑Kennzeichnung von Übertragungsgliedern.

DGMA
Deutsche Gesellschaft für Meßtechnik und
Automatisierung, die Organisation innerhalb
der Kammer der Technik, die Fachleute der
Meßtechnik und Automatisierungstechnik
vereinigt.

Differentialzeit   derivative action time
дифференциальное время

Die *Differentialzeit* T_D eines P_0D_0-Gliedes ist
die Zeit, die das *Ausgangssignal* benötigt, um
nach einer linear ansteigenden Änderung des
Eingangssignals zusätzlich dieselbe Änderung
des Ausgangssignals zu erzeugen, die durch
den *D*-Anteil sofort nach Beginn des linearen
Anstiegs erzeugt wird.
Das Übergangsverhalten eines P_0D_0-Gliedes
wird im Bild gezeigt (Eingangssignal eine *↑An-
stiegsfunktion*).

16

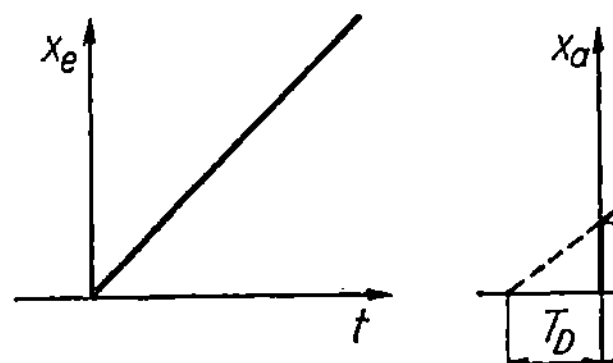
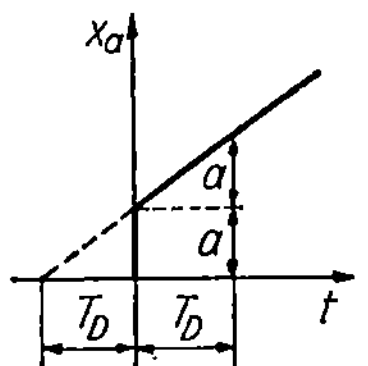

Die Gleichung eines P_0D_0-Gliedes lautet

$$x_a(t) = K\left[x_e(t) + T_D\frac{dx_e(t)}{dt}\right]$$

↑Kennzeichnung von Übertragungsgliedern.

Differentieller Übertragungsfaktor
rate fator
дифференциальный коэффициент передачи
↑Übertragungsfaktor.

Digital/Analog-Wandler   *s.* D/A-Umsetzer

↑Umsetzer, deren *↑Ausgangssignale* von *↑ana-
logen Gliedern* verarbeitet werden können,
heißen *Digital/Analog-Wandler (A/D-Um-
setzer)*.
Ein *↑digitales Signal* kann nie in ein echtes
↑analoges Signal zurückgewandelt werden, immer nur in ein *↑Signal*, das von analogen Gliedern verarbeitet werden kann.
D/A-Umsetzer sind z.B. solche digitalen Glieder, deren Ausgangssignale höhenmodulierte
Impulse mit digital quantisierter Amplitude
oder Impulsfolgen sind, bei denen die Information durch die Anzahl der Impulse gegeben
ist (Verarbeitung über einen Tiefpaß). Symbol
s. Bild.

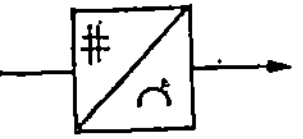

Digital/Digital-Wandler   *s.* D/D-Umsetzer

Digital/Digital-Wandler (D/D-Umsetzer) wan-
deln digitale *↑Eingangssignale* in digitale *↑Aus-
gangssignale* eines anderen *↑Kodes*.
Als gerätetechnisches Beispiel sei ein Kode-
wandler angegeben. *(↑Wandler* und *digitales
Signal).* Symbol s. Bild.

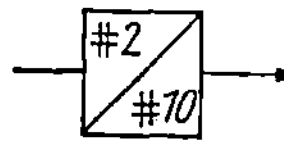

Digitalrechner   digital computer
вычислительная цифровая машина

(Digitalrechenmaschine, Digitalrechenauto-
mat, Ziffernrechner, Ziffernrechenmaschine)

Rechner, der auf der Grundlage †*digitaler Signale* arbeitet und die verarbeiteten Werte als Zeichenfolgen (z. B. Ziffernfolgen) darstellt.

Der Digitalrechner hat ein zentrales Rechenwerk für die arithmetischen Grundoperationen und logischen Operationen, einen Speicher und Einrichtungen zur Dateneingabe und -ausgabe. Ein Steuerwerk organisiert die Zusammenarbeit der entsprechenden Einheiten (Bild).

Der Ablauf der Operationen wird über ein Programm erreicht, das alle Befehls- und Zahlinformationen enthält. Die schrittweise Abarbeitung des Programms, das im Speicher enthalten ist, sichert die Lösung einer Aufgabe.

Bei entsprechenden periphären Geräten kann ein Digitalrechner als Datenverarbeitungsanlage oder †*Prozeßrechner* aufgebaut werden [14].

lungen oder Analog-Digital-Regelungen genannt.

Digitales Signal   digital signal
цифровый сигнал

Ein †*diskretes Signal* mit $n \geq 2$ †*Informationsparametern* heißt digital, wenn die einzelnen †*Signalwerte* des †*Signalvorrats* dieses Signals durch †*Kodewörter* gegeben sind. Jedes Kodewort stellt dabei einen geordneten Satz von Werten der einzelnen Informationsparameter dar. Der Signalvorrat eines digitalen Signals mit n diskreten Informationsparametern, von denen jeder k verschiedene Werte annehmen kann, enthält k^n Kodewörter. k heißt *Kodebasis* des digitalen Signals. Sehr häufig wird bei der technischen Anwendung digitaler Signale die Kodebasis $k = 2$ gewählt. Dadurch erhält man digitale Signale mit *binären* Informationsparametern.

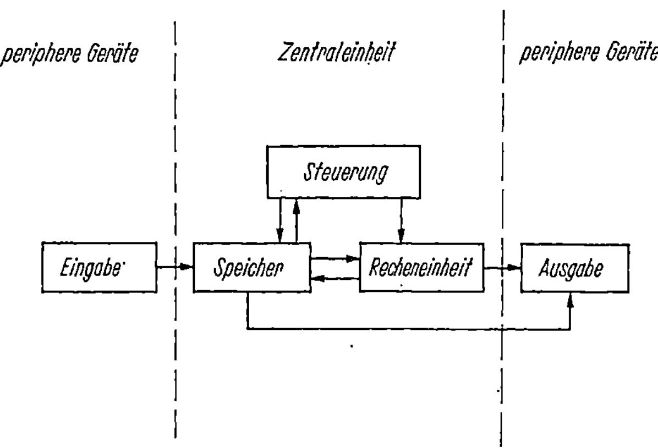

Digitale Regelung   digital control
цифровое регулирование, цифровая система регулироваиия

Eine Regelung wird dann als digital bezeichnet, wenn die Darstellung der Signale der †*Regelgröße*, der †*Führungsgröße* und die Bildung der †*Regelabweichung* digital erfolgt.

Die Stellgröße wird immer dann eine analoge Größe sein, wenn größere Leistungen aufzubringen sind.

Durchgesetzt haben sich Regelungen, deren dynamisches Verhalten durch einen analogen Kreis bestimmt wird. Zur Erreichung einer hohen Langzeitkonstanz wird diesem Kreis ein digitaler Korrekturwert aufgeschaltet. Solche Regelungen werden gemischte Rege-

Durch einen †*Kode* wird jedem Kodewort des Signalvorrats eines digitalen Signals die von diesem Kodewort dargestellte Information (Zahlwert, Befehl) umkehrbar eindeutig zugeordnet.

Digitale Steuerung   digital control
цифровая система управления, цифровое управление

Eine digitale Steuerung (numerische Steuerung) liegt vor, wenn im †*Wirkungsweg* dieser Steuerung †*digitale Signale* gebildet und verarbeitet werden.

Digitaltechnik   digital technique
цифровая техника

Gegenstand der Digitaltechnik sind der Entwurf und der Aufbau solcher Teile von Steuerungen und Regelungen, in denen die Informationsübertragung oder -verarbeitung mit Hilfe ↑*digitaler Signale* geschieht.

Dimension eines Signals
dimension of a signal

размерность сигнала

Unter der Dimension eines ↑*Signals* versteht man die physikalische Dimension seines ↑*Signalträgers*.

Direkter Kode
direct code

прямой код

↑*Dezimal-binärer Kode.*

Disjunktion
disjunction

лисъюнкция

↑*Schaltfunktion.*

Disjunktionsglied
disjunction unit

разделительный элемент

↑*Binäres Elementarglied.*

Disjunktive Normalform
дисъюнктивная нормальная форма

↑*Schaltfunktion.*

Diskontinuierliches Signal
discontinuous signal

прерывистый сигнал

Ein ↑*Signal* heißt diskontinuierlich, wenn seine ↑*Signalwerte* nicht zu allen Zeitpunkten die zu signalisierenden Informationen abbilden. Die Erhältlichkeit der Information aus einem diskontinuierlichen Signal ist daher auf bestimmte (meist periodisch wiederkehrende) Zeitpunkte oder Zeitintervalle beschränkt. Im Hinblick auf Beispiele ↑*Signal.* Das Gegenstück zu einem diskontinuierlichen Signal ist ein ↑*kontinuierliches* Signal.

Diskrete Modulation
discrete modulation

дискретная модуляция

↑*Modulation.*

Diskretes Signal
discrete signal

дискретный сигнал

Diskrete Signale sind ↑*Signale,* deren ↑*Informationsparameter* nur endlich viele (diskrete) Werte annehmen können [18].
Die diskreten Signale lassen sich je nach der zeitlichen Erhältlichkeit der ihnen aufgepräg-

ten ↑*Information* in kontinuierliche und diskontinuierliche diskrete Signale einteilen. *Kontinuierlich* sind solche diskreten Signale, bei denen sich die erhaltene Information zu jedem Zeitpunkt aus dem jeweiligen Wert des Informationsparameters gewinnen läßt (keine Quantisierung der Zeit). Solche diskreten Signale, bei denen nur in gewissen Zeitpunkten aus den Werten des Informationsparameters auf die signalisierte Information zurückgeschlossen werden kann (Quantisierung der Zeit), werden als diskontinuierlich bezeichnet. Diskontinuierliche Signale sind unter den diskreten Signalen häufiger als unter den analogen Signalen anzutreffen, denn es liegt bei der Realisierung diskreter (d.h. im Wertevorrat des Informationsparameters quantisierter) Signale sehr oft nahe, auch eine Zeitquantisierung vorzunehmen.
Um einen Überblick über die vielfältigen Erscheinungsformen diskreter Signale zu gewinnen, ist es zweckmäßig, diese nach anderen Gesichtspunkten einzuteilen:
Es lassen sich *quantisiert modulierte* und *kodierte* diskrete Signale unterscheiden.

Quantisiert modulierte diskrete Signale (Mehrpunktsignale)

Alle ↑*analogen Signale* werden durch ↑*analoge* ↑*Modulation* eines geeigneten Informationsparameters gewonnen (Amplitudenmodulation, Frequenzmodulation, Pulsamplitudenmodulation, Pulslängenmodulation, Pulsphasenmodulation usw.). Wird nun dafür gesorgt, daß der Informationsparameter nur endlich viele (diskrete) Werte annehmen kann *(diskrete Modulation)*, so ist das entstehende Signal diskret. Auf diese Weise können alle genannten Modulationsarten auch zu diskreten Signalen führen. Derartige diskrete Signale sollen als (quantisiert) modulierte diskrete Signale bezeichnet werden. Die Bilder a bis d zeigen Beispiele für modulierte diskrete Signale. Bild a zeigt ein kontinuierliches moduliert diskretes Signal, bei dem die Signalamplitude als Informationsparameter sechs verschiedene Werte annehmen kann. Bild b zeigt ein quantisiert amplitudenmoduliertes Impulssignal. Bei dem im Bild c gezeigten diskreten Signal kann der Informationsparameter (Amplitude des Signalträgers) prinzipiell nur die beiden durch O und L gekennzeichneten Werte annehmen.
Derartige diskrete Signale, deren Informationsparameter grundsätzlich nur zweier verschie-

dener Werte fähig sind, heißen †*binäre Signale.*

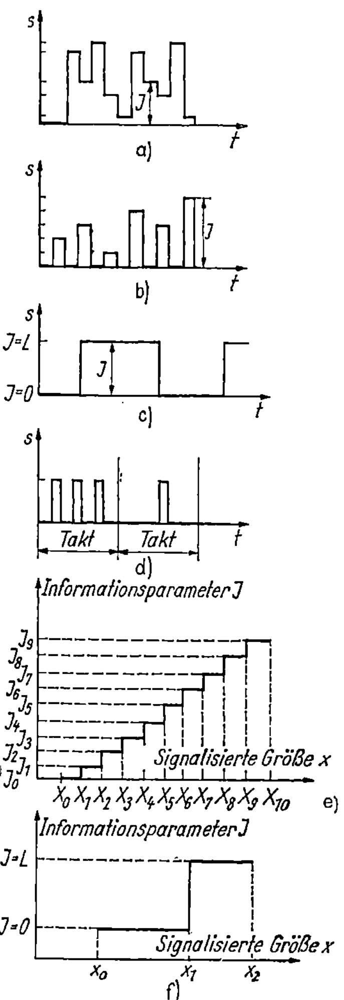

Bild d schließlich zeigt, wie man durch die spezielle Weiterverarbeitung eines Signals einen quantisiert modulierten Informationsparameter erhalten kann. Man kann das hier gezeigte Signal zunächst als ein (analoges) frequenzmoduliertes Impulssignal (PFM-Signal) auffassen. Geht man nun dazu über, statt der Impulsfrequenz (d.h. z.B. des reziproken Impulsabstands) die Anzahl der Impulse je Taktintervall auszuwerten, so erhält man ein diskretes Signal, dessen Informationsparameter (Anzahl der Impulse je Taktintervall) nur noch endlich viele ganzzahlige Werte annehmen kann. Sind f_1 bzw. f_2 die kleinste bzw. größte auftretende Impulsfolgefrequenz und T die Länge der Taktintervalle, so kann die Anzahl der Impulse je Taktintervall alle ganzzahligen Werte v mit

$$f_1 T \leq v \leq f_2 T$$

annehmen. Quantisiert modulierte diskrete Signale werden auch als †*Mehrpunktsignale* bezeichnet.

Einen tieferen Einblick in die Besonderheiten, Vor- und Nachteile der Informationsübertragung und -verarbeitung mit Hilfe der Mehrpunktsignale erhält man, wenn man den Zusammenhang zwischen dem quantisiert modulierten Signal und der ihm aufgeprägten Information (insbesondere im Fall der Zahlwertinformation) betrachtet.

Es sei eine Größe gegeben, die in einem zu signalisierenden Bereich jeden beliebigen Wert annehmen kann. Insbesondere kann es sich dabei um den Informationsparameter eines *analogen Signals* handeln (unter dieser Annahme würden die folgenden Betrachtungen die *Umsetzung* eines analogen in ein moduliertes diskretes Signal zum Gegenstand haben). Zur Signalisierung soll ein moduliertes diskretes Signal herangezogen werden.

Da nur endlich viele verschiedene Werte des Informationsparameters zur Verfügung stehen, kommt die bei *analogen Signalen* übliche *punktweise* Zuordnung der Werte der signalisierten Größe zu denen des Informationsparameters von vornherein nicht in Frage. Für die diskrete Signalisierung ist folgendes Vorgehen typisch (Bild e):

Ist n die Anzahl der möglichen verschiedenen Werte des Informationsparameters, so wird das für die Signalisierung in Frage kommende Werteintervall der signalisierten Größe in n Teilintervalle $[x_0, x_1)$, $[x_1, x_2)$, ..., $[x_{n-1}, x_n)$ zerlegt. Diese Teilintervalle sollen so beschaffen sein, daß jeweils der linke Randpunkt dazugehört, der rechte dagegen nicht (er gehört als linker Randpunkt zum anschließenden Teilintervall). Im Bild e ist $n = 10$ gewählt. Nun wird jedem Teilintervall $[x_k, x_{k+1})$ der Wert J_k des Informationsparameters zugeordnet ($k = 0, 1, 2, ..., n - 1$). Ein diskretes Signal kann also prinzipiell nur die Zugehörigkeit des momentanen Wertes der signalisierten Größe zu einem bestimmten Teilintervall ihres Wertevorrats signalisieren. Dieser Tatbestand kommt auch in der im Bild e eingezeichneten treppenförmigen Kennlinie zum Ausdruck.

Zwei typische Beispiele sollen dieses allgemeine Prinzip der diskreten Signalisierung veranschaulichen.

Der einfachste Fall besteht darin, daß das diskrete Signal *binär* ist, d.h., daß sein Informationsparameter nur zwei verschiedene (durch O und L gekennzeichnete) Werte annehmen kann ($n = 2$). Das Werteintervall der signalisierten Größe ist dann in zwei Teilintervalle $[x_0, x_1)$ und $[x_1, x_2)$ zu zerlegen, denen die Werte O bzw. L des Informationsparameters zugeordnet werden. Ein binäres Signal kann also prinzipiell nur folgende Zahlwertinformation übertragen (Bild f):

Signalwert O: $x_0 \leqq x < x_1$
Signalwert L: $x_1 \leqq x < x_2$

Häufig spielen hierbei die Grenzen x_0 und x_2 des Werteintervalls der signalisierten Größe eine untergeordnete Rolle, so daß als Information nur ausgewertet wird:

Signalwert O: $x < x_1$
Signalwert L: $x \geqq x_1$

Diese Informationsübertragung liegt jeder ↑*Zweipunktregelung* zugrunde.

Für ein weiteres Beispiel sei das im Bild e dargestellte Prinzip durch folgende Zusatzforderungen konkretisiert: $x_0 = 0, x_1 = 5, x_2 = 15,$ $x_3 = 25,$ $x_4 = 35, ..., x_{10} = 95$. Auf diese Weise kann der Bereich $0 \leqq x < 95$ der signalisierten Größe auf ± 5 Maßeinheiten genau signalisiert werden.

Allgemein läßt sich bei Verwendung gleich langer Teilintervalle $[x_k, x_{k+1})$ mit der gemeinsamen Länge $\delta = x_{k+1} - x_k$ eine diskrete Signalisierung mit einem Fehler von $\pm\delta/2$ erreichen. Man nennt δ den *Quantisierungsfehler*. Er kann durch geeignete Normierung (z.B. Bezug auf die Länge des für die Signalisierung vorgesehenen Werteintervalls der signalisierten Größe) auch als relativer Quantisierungsfehler angegeben werden.

Der Informationsgehalt eines diskreten Signals hängt von der Anzahl der möglichen ↑*Signalwerte* ab. Bei den bisher betrachteten (quantisiert) modulierten diskreten Signalen müssen alle möglichen *Signalwerte* durch die Werte *eines* Informationsparameters aufgebracht werden. Der Informationsgehalt (im Fall der Zahlwertsignalisierung also die Genauigkeit der Signalisierung) bei modulierten

diskreten Signalen läßt sich also nur durch entsprechende Vergrößerung der Anzahl der möglichen Werte dieses einen Informationsparameters erreichen, denn dadurch kann der Wertebereich der signalisierten Größe in eine größere Anzahl entsprechend kleinerer Teilintervalle zerlegt werden.

Da technischer Aufwand und technische Schwierigkeiten bei der Übertragung und Verarbeitung modulierter diskreter Signale mit der Anzahl der möglichen Werte des Informationsparameters sehr stark ansteigen, sind dem geschilderten Vorgehen relativ enge Grenzen gesetzt. Dies erkennt man am deutlichsten an dem oben beschriebenen diskreten Impulsfolgesignal (Bild d), dessen Informationsparameter durch die Anzahl der Impulse je Taktintervall gegeben ist. Hier ist eine Vergrößerung der Anzahl der möglichen Werte des Informationsparameters mit mindestens einer der beiden folgenden Maßnahmen verbunden:

a) Erhöhung der Impulsfolgefrequenz
b) Verlängerung des Taktintervalls

Beiden Maßnahmen sind aber bei jedem konkreten Anwendungsfall Grenzen gesetzt (Grenzfrequenzen der Übertragungsglieder, zeitliche Häufigkeit der Signalisierung).

Kodierte diskrete Signale
(digitale Signale)

Bei den kodierten diskreten Signalen handelt es sich um Signale mit mehreren Informationsparametern, von denen jeder unabhängig von allen anderen jeweils endlich viele Werte annehmen kann. Es sei ein kodiertes diskretes Signal mit den n Informationsparametern $J_1, J_2, ..., J_n$ betrachtet. Jeder einzelne dieser Informationsparameter möge die k Werte $w_1, w_2, ..., w_k$ annehmen können. Diese Anzahl k wird als ↑*Kodebasis* bezeichnet. Als ↑*Signalwerte* werden nun nicht mehr die Werte einzelner Informationsparameter, sondern *Wertekombinationen* aller beteiligten Informationsparameter betrachtet. n Informationsparameter mit jeweils k verschiedenen Werten ergeben dann $z = k^n$ verschiedene Signalwerte. Damit ergeben sich im Hinblick auf die Vergrößerung des Informationsgehalts derartiger diskreter Signale wesentlich günstigere Möglichkeiten als im Fall der modulierten diskreten Signale:

a) Eine Erhöhung der Anzahl k der möglichen Werte der einzelnen Informationsparameter wirkt sich nicht mehr wie im Fall der modulierten Signale ($n = 1$) linear, sondern in n-ter Potenz auf die Anzahl z der möglichen Signalwerte aus.

b) Die Anzahl z der möglichen Signalwerte (und damit der Informationsgehalt) kodierter diskreter Signale kann außerdem durch Vergrößerung der Anzahl n der Informationsparameter gesteigert werden. Diese Vergrößerung wirkt sich *exponentiell* aus.

Insbesondere die Möglichkeit b hat bei gesteigerten Genauigkeitsforderungen, namentlich für die Zahlwertsignalisierung, für umfangreiche Anwendungen kodierter diskreter Signale gesorgt. Dies um so mehr, da sich herausstellte, daß der technische Aufwand bei der Übertragung und Verarbeitung derartiger kodierter diskreter Signale etwa *linear* mit der Anzahl n der auftretenden Informationsparameter anwächst.
Kodierte diskrete Signale werden auch als *digitale* Signale bezeichnet.
Im Hinblick auf die Einfachheit und Sicherheit der Übertragung und Verarbeitung digitaler Signale ist es am zweckmäßigsten, wenn jeder einzelne Informationsparameter *binär* ist, d.h. nur zwei verschiedene (i. allg. durch O und L symbolisierte) Werte annehmen kann. In diesem Fall ist also die Kodebasis $k = 2$. Auch ist es oft zweckmäßig, bei der Analyse und Synthese von Einrichtungen zur Übertragung und Verarbeitung digitaler Signale die einzelnen Informationsparameter als Informationsparameter verschiedener binärer Signale aufzufassen. Auf diese Weise ist es möglich, die ↑*Schaltalgebra* als theoretisches Hilfsmittel für Entwurf und Berechnung der Übertragungs- und Verarbeitungseinrichtungen heranzuziehen.
Digitale Signale können technisch als *Parallelsignale* und als *Seriensignale* in Erscheinung treten. Parallelsignale sind dadurch gekennzeichnet, daß alle beteiligten n Informationsparameter auf n verschiedenen Signalleitungen *gleichzeitig* zur Verfügung stehen (Bild g). Der im jeweiligen Zeitpunkt anliegende Signalwert, d.h. also, die momentane Wertekombination (w_1, w_2, ..., w_n) aller beteiligten Informationsparameter, die man auch als momentanes *Kodewort* bezeichnet, steht beim Parallelsignal also auf der Gesamtheit der Signalleitungen vollständig zur technischen Weiterverarbeitung zur Verfügung.
Beim *Seriensignal* werden alle beteiligten n In-

formationsparameter in periodischem Wechsel *nacheinander* über eine einzige Signalleitung übertragen (Bild h). Dies geschieht so, daß (beginnend etwa im Zeitpunkt t_0) in einer vereinbarten Reihenfolge jeder Informationsparameter für einen bestimmten Zeitraum T über die gemeinsame Signalleitung übertragen wird. Es wird dafür gesorgt, daß innerhalb eines solchen Zyklus von der Länge nT von jedem einzelnen Informationsparameter J_v jeweils nur ein bestimmter Wert w_v ($v = 1, 2, ..., n$) wirksam wird und daß das

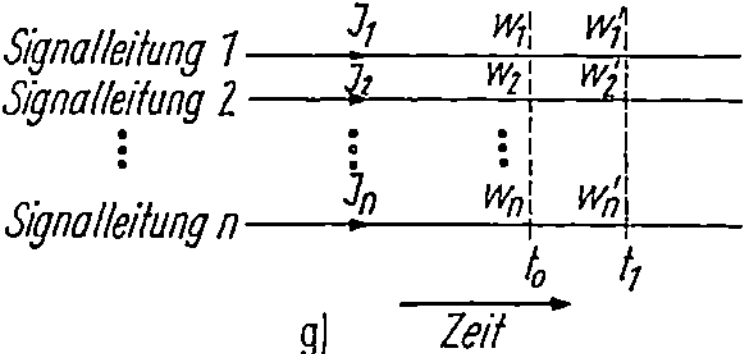

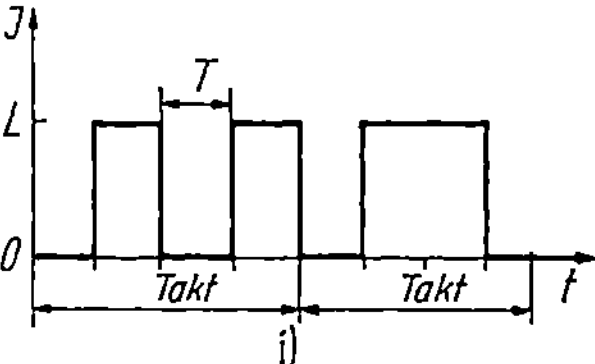

in einem Zyklus dargestellte Kodewort (vgl. oben) mit demjenigen Kodewort identisch ist, das im Zeitpunkt t_0 (Beginn des Zyklus) zu signalisieren ist.
Bild i zeigt den zeitlichen Verlauf eines digitalen Seriensignals, dessen vier Informationsparameter sämtlich *binär* sind (vgl. oben).

Seriensignale sind stets *diskontinuierlich* (vgl. oben). Um ein vollständiges Kodewort zu erhalten, ist der Zeitraum nT (n Länge des Kodeworts, T Übertragungsdauer eines Informationsparameters) abzuwarten. Der Nachteil des Seriensignals im Vergleich zum Parallelsignal besteht also in dem wesentlich größeren *Zeitbedarf* bei seiner Übertragung und Verarbeitung. Dagegen liegt der technische Aufwand bei der Übertragung und Verarbeitung von Seriensignalen etwa um den Faktor n

günstiger als beim Parallelsignal. Häufig wird zwischen den Vor- und Nachteilen des Parallel- und des Seriensignals durch Kombination beider Prinzipien ein geeigneter Kompromiß erreicht.

Schließlich sei noch der Zusammenhang zwischen Signal und signalisierter Information beim digitalen Signal betrachtet. Dabei sei wie beim Mehrpunktsignal der zeitliche Werteverlauf einer Größe zu signalisieren, die im Signalisierungsbereich beliebige Werte annehmen kann. Entsprechend dem allgemeinen Prinzip ist der Signalisierungsbereich in eine Anzahl von Teilintervallen zu zerlegen, die der Anzahl der möglichen verschiedenen Signalwerte entspricht (oder kleiner ist als diese; ↑*Redundanz*). Nun wird jedem Teilintervall des Signalisierungsbereichs umkehrbar eindeutig ein Signalwert (Kodewort) zugeordnet. Diese Zuordnung wird als ↑*Kode* bezeichnet. Werden bei dieser Zuordnung gewisse Kodeworte bewußt nicht verwendet, so spricht man von *redundanten* Kodes bzw. Signalen (↑*Redundanz*). Kodes für digitale Signale mit *binären* Informationsparametern werden als *Binärkodes* bezeichnet (↑*Kode*). Ein einzelnes Zeichen eines derartigen Kodeworts wird als ↑*Bit* bezeichnet.

Divisionsstelle

точка деления

Punkte des ↑*Signalflußplans*, in dem der Quotient zweier ↑*Signale* gebildet wird, heißen Divisionsstellen.

Sie werden im ↑*Signalflußplan* wie im Bild dargestellt. Es gilt die Gleichung:

$$x_a = \frac{x_{e1}}{x_{e2}}$$

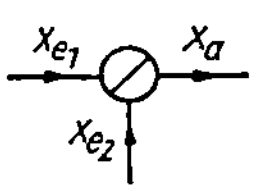

Dreiexzeßkode   excess-three code

код с избытком три

↑*Dezimal-binärer Kode.*

Dreipunktglied

трехпозиционный элемент

↑*Mehrpunktglied.*

Drift   drift

дрейф

Die Drift einer BMSR-Einrichtung kennzeichnet die zufälligen Schwankungen der Werte des ↑*Informationsparameters* des ↑*Ausgangssignals* bei konstantem ↑*Eingangssignal* infolge mangelnder Reproduzierbarkeit.

Der Prüfzeitraum für die Ermittlung der Drift sollte nicht unter 1000 h liegen.

DSA-Technik   direct storage access

DSA-Technik bezeichnet eine spezielle Organisationsform des Informationsflusses zwischen externen Geräten und dem Arbeitsspeicher von ↑*Prozeßrechnern*, die so gestaltet ist, daß ohne Benutzung des Rechenwerks und ohne Unterbrechung des laufenden Programms neue Werte eingespeichert oder zur Ausgabe gelesen werden können. Damit wird eine einfachere Programmierung, eine genaue Einstellung der Zeitbedingungen (real-time) und eine verbesserte Auslastung von Prozeßrechnern ermöglicht.

Dualkode   binary code

двоичный (бинарный) код

Der Dualkode erfordert ein mehrstelliges diskretes (↑*digitales*) *Signal*, dessen *Informationsparameter* $J_{n-1}, J_{n-2}, ..., J_1, J_0$, binär sind, also jeweils nur zwei (durch O bzw. L symbolisierte) Werte annehmen können [13] [5] [18].

Dem Informationsparameter J_0 wird als *Stellenwertigkeit* eine Zweierpotenz 2^s mit ganzzahligem s ($-\infty < s < +\infty$) zugeordnet. Die Informationsparameter $J_1, J_2 ..., J_{n-1}$ erhalten dann die Stellenwertigkeiten 2^{s+1}, $2^{s+2}, ..., 2^{s+n-1}$ zugewiesen. Damit ist jedem ↑*Kodewort* des n-stelligen digitalen Signals der von ihm signalisierte Zahlwert x folgendermaßen umkehrbar eindeutig zugeordnet:

$$x = \sum_{r=0}^{n-1} I_r 2^{s+r};$$

$$\text{dabei gilt } I_r = \begin{cases} 1, \text{ wenn } J_r \text{ den ↑\textit{Signalwert} L hat.} \\ 0, \text{ wenn } J_r \text{ den ↑\textit{Signalwert} O hat.} \end{cases}$$

Man erhält also beim Dualkode den signalisierten Zahlwert x dadurch, daß man die Stellenwertigkeiten aller derjenigen Informationsparameter, die den Signalwert L haben, addiert.

Beispiel: Gegeben sei ein sechsstelliges diskretes Signal mit den binären Informationsparametern

$$J_5, J_4, J_3, J_2, J_1, J_0.$$

Dem Informationsparameter J_0 soll die Stellenwertigkeit 2^{-3} (d.h. also $s = -3$) erteilt werden. Das Kodewort

L L O L O L

stellt dann die Zahl

$$x = 1 \cdot 2^{-3} + 0 \cdot 2^{-2} + 1 \cdot 2^{-1}$$
$$+ 0 \cdot 2^0 + 1 \cdot 2^1 \cdot 1 \cdot 2^2$$
$$= 6{,}625$$

dar.

Ein Dualkode ist also durch die Stellenzahl n des verwendeten Signals (Kodewortlänge) und durch die Erteilung der Stellenwertigkeit 2^s an den Informationsparameter J_0 vollständig charakterisiert. Durch die spezielle Wahl von n und s läßt sich der Dualkode an die Besonderheiten des jeweiligen Anwendungsfalls leicht anpassen. Dabei bestimmt s den †*Quantisierungsfehler* und damit die Genauigkeit der Signalisierung. Die Stellenzahl n des verwendeten Signals legt (zusammen mit s) den Zahlbereich fest, innerhalb dessen mit Hilfe dieses Signals im Dualkode signalisiert werden kann. Für die Grenzen dieses Zahlbereichs gilt

$$0 \leq x \leq \sum_{t=s}^{s+n-1} 2^t$$

Sollen nur ganzzahlige Werte signalisiert werden, so kann $s = 0$ gewählt werden, und für die Grenzen des Signalisierungsbereichs ergibt sich

$$0 \leq x \leq 2^n - 1$$

Insbesondere können so mit Hilfe vierstelliger diskreter Signale alle ganzen Zahlen zwischen 0 und $2^4 - 1 = 15$ im Dualkode signalisiert werden (Bild a).

Der wichtigste Vorteil der Dualkodes besteht darin, daß sich die am häufigsten vorkommenden Verknüpfungsoperationen der †*Signalverarbeitung* (Addition, Subtraktion, Multiplikation, Division) bei dual verschlüsselten Signalen besonders einfach technisch realisieren lassen. So kann z.B. die Addition zweier dual verschlüsselter Zahlen (ähnlich wie die Addition zweier Dezimalzahlen) *positionsweise* nach sehr einfachen Verknüpfungsregeln durchgeführt werden (Bild b; $\ddot{u}_0$ ist der von der niedrigeren Stelle herrührende *Übertrag*, $\ddot{u}_1$ ist der an die nächsthöhere Stelle weiterzuleitende Übertrag).

Ein wesentlicher Nachteil des Dualkodes ergibt sich durch die mit wachsender Stellenzahl sehr schnell zunehmenden Schwierigkeiten bei der Interpretation dual kodierter Signale durch den Menschen. Bei der Anzeige und

Registrierung ist es deshalb zweckmäßig, zu anderen, der Dezimalzahl näherstehenden Kodes (†*dezimal-binäre Kodes*) überzugehen.

Kodewort				Signalisierter Zahlwert
J_3	J_2	J_1	J_0	
2^3	2^2	2^1	2^0	
O	O	O	O	0
O	O	O	L	1
O	O	L	O	2
O	O	L	L	3
O	L	O	O	4
O	L	O	L	5
O	L	L	O	6
O	L	L	L	7
L	O	O	O	8
L	O	O	L	9
L	O	L	O	10
L	O	L	L	11
L	L	O	O	12
L	L	O	L	13
L	L	L	O	14
L	L	L	L	15

$$\begin{array}{ccc} x_k & x_{k-1} \dots x_0 \\ + \quad y_k & y_{k-1} \dots y_0 \\ \hline z_k & z_{k-1} \dots z_0 \end{array}$$

x	y	$\ddot{u}_0$	z	$\ddot{u}_1$
O	O	O	O	O
O	O	L	L	O
O	L	O	L	O
O	L	L	O	L
L	O	O	L	O
L	O	L	O	L
L	L	O	O	L
L	L	L	L	L

Dynamische Kennwerte

Kennwerte, die den dynamischen Kennlinien (z.B. Übergangsfunktion, Gewichtsfunktion, Frequenzgang) entnommen sind und das dynamische Verhalten eines †*Übertragungsglieds* kennzeichnen.

Zu den dynamischen Kennwerten gehören †*Zeitkonstanten*, †*Totzeit* u.a.m.

Dynamischer Regelfaktor
dynamic control factor
динамический коэффициент регулирования
↑*Abweichungsverhältnis.*

E

Ein–Aus-Regelung bang-bang regulation
двухпозиционное регулирование, регулирование по принципу «включено-выключено»
↑*Zweipunktregelung.*

Eingabeglied
элемент ввода

Eingabeglieder sind Bauglieder, mit deren Hilfe ↑*Signale* oder ↑*Informationen* von außen in die jeweilige Anlage eingegeben werden.
Im Fall der Signaleingabe handelt es sich um Bauglieder, die Größen außerhalb der jeweiligen Anlage erfassen.
Im Fall der Informationseingabe handelt es sich um ↑*Bauglieder,* in die Informationen (z.B. Daten, Programme usw.) in Form von ↑*externen Speichern* (Lochkarten, Lochbänder, Magnetbänder, Kurvenscheiben, Schaltwalzen usw.) in die jeweilige Anlage eingegeben werden.
Beispiele: Meßgeräte als Eingabeglieder einer Regelanlage, Meßgeräte als Eingabeglieder zur Erfassung von Führungsgrößen für die Gesamtanlage; ↑*Sollwertgeber* zur manuellen Eingabe des Sollwerts (Informationseingabe), Schaltuhr zur Eingabe von Zeitplänen (Zeitplangeber).

Eingangssignal input signal
входной сигнал

Eingangssignal (eines ↑*Gliedes*) · heißt jedes ↑*Signal,* das dem Eingang dieses Gliedes zugeführt wird.

Eigenfrequenz natural frequency
собственная частота, частота собственных колебаний
↑*Eigenschwingung.*
↑*Einschwingverhalten.*

24

Eigenschwingung
natural oscillation, self-oscillation
автоколебание, собственные колебания

Als Eigenschwingung wird die Bewegung eines Systems bezeichnet, die ohne äußere Einwirkung erfolgt. Die Frequenz, mit der diese Bewegung erfolgt, wird ↑*Eigenfrequenz* genannt.

Eigensicherheit
искрозащищенность

Schutzart, bei der durch die Wahl der Betriebsströme und -spannungen sowie der Kapazitäten und Induktivitäten eines elektrischen Netzwerks verhindert wird, daß bei gewollter und ungewollter Leitungsunterbrechung sowie bei Kurzschlüssen in der Umgebung befindliche explosive Atmosphäre gezündet wird (TGL 42-60).
Zur Erzielung der Eigensicherheit sind außer der Einhaltung bestimmter Verdrahtungsvorschriften und Kriechstrecken keine besonderen konstruktiven Maßnahmen notwendig.

Einheitssprung unit-step function
единичный скачок, единичная функция

Sprungfunktion der Höhe $E = 1$ (↑*Übergangsfunktion*).

Einrichtung equipment, installation
устройство

Die *Einrichtung* (*Steuer-* oder *Regeleinrichtung*) ist die zusammenfassende Benennung für alle ↑*Glieder* im ↑*Wirkungsweg,* die zur aufgabengemäßen Beeinflussung der Strecke über das ↑*Stellglied* dienen.
Im ↑*Signalflußweg* ist das ↑*Ausgangssignal* der Einrichtung zugleich ein ↑*Eingangssignal* der Strecke (↑*Regelkreis*).

Einschalttor switch-on gate
ключевая схема включения

Einschalttore sind ↑*Torglieder* mit einem Eingang und einem Ausgang, die bei Belastung einschalten.

Einschwingverhalten transient response
переходный процесс

Unter dem Einschwingverhalten eines ↑*Übertragungsglieds* versteht man den zeitlichen Übergang von einem ↑*Beharrungszustand* in einen neuen. Die Darstellung des Einschwingverhaltens ist mit der ↑*Übergangsfunktion* gegeben [3] [13].

Für ein proportionales System 2.Ordnung sind die Übergangsfunktionen für verschiedene *Dämpfungen D* im Bild dargestellt.

$D = 0$ Dauerschwingungen
$D < 1$ Überschwingung
$D = 1$ aperiodischer Grenzfall
$D > 1$ Kriechfall

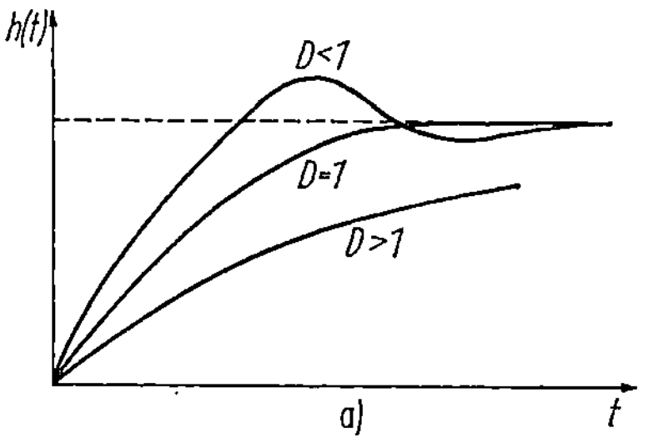

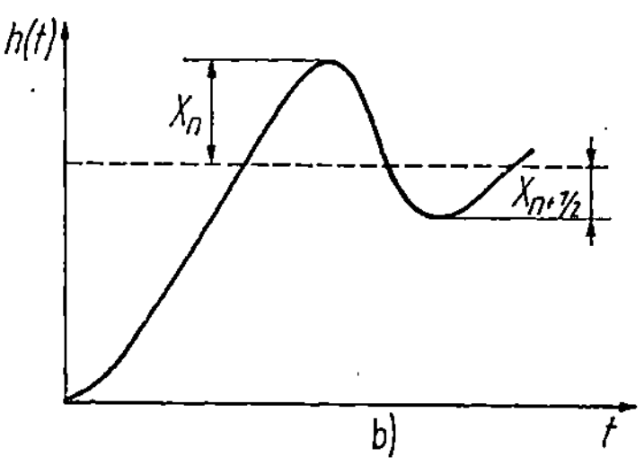

Die *Dämpfung D* hängt mit dem Amplitudenverhältnis zweier aufeinanderfolgender Halbschwingungen zusammen.

$$D = \frac{l_n \dfrac{x_n}{x_{n+1/2}}}{2 + \left(l_n \dfrac{x_n}{x_{n+1/2}}\right)^2}$$

Daraus ergibt sich die ↑*Eigenfrequenz* ω_e des gedämpften Systems:

$$\omega_e = \omega_0 \sqrt{1 - D^2};$$

ω_0 Eigenfrequenz des dämpfungslos gedachten Systems

Einschwingzeit settling time
время переходного процесса

Zeit T_e, nach der die Ausgangsgröße x_a eines Systems bei der Antwort auf einen ↑*Einheitssprung* der Eingangsgröße endgültig innerhalb eines definierten Bereichs $x_{a\infty} \pm b$ verbleibt (↑*Ausregelzeit*).
Es ist üblich, $b = 5\%$ von $x_{a\infty}$ zu wählen.

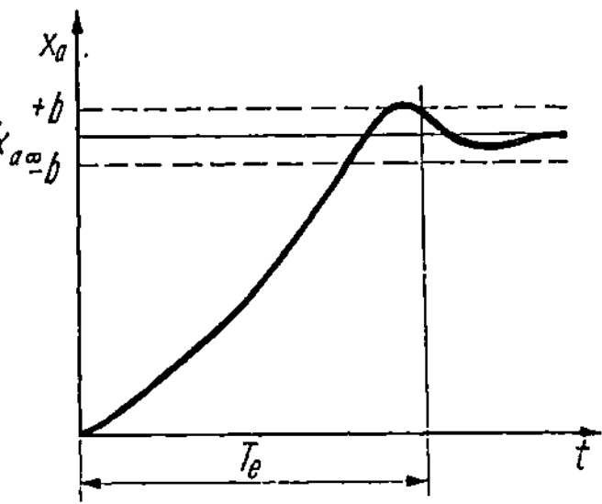

Einstelliges Signal
однозначный сигнал

Ein ↑*Signal* heißt einstellig, wenn es genau einen ↑*Informationsparameter* hat.

Einstellregeln

Regeln für die Einstellung von Reglerparametern in Abhängigkeit von den Streckenparametern zur Erzielung eines stabilen und günstigen zeitlichen Verhaltens des ↑*Regelkreises*. Dazu wurden verschiedene Methoden eingeführt, die entweder eine Berechnung oder Abschätzung der Reglereinstellungen zulassen. ↑*Gütekriterien*.

Elementarkonjunktion
элементарная конъюнкция
↑*Schaltfunktion*.

Entkopplung decoupling
развязка

Methoden, um bei ↑*Mehrfachregelungen* die Kopplungen der Regelgrößen untereinander zu eleminieren [6].

Ersatzzeitkonstante
эквивалентная постоянная времени
↑*Zeitkonstante*.

Externer Speicher external storage
периферийная память

Eingabe- und Ausgabespeicher werden als *externe Speicher* im Hinblick auf die Informationsverarbeitungsanlage bezeichnet und dienen der Speicherung von ↑*Informationen* in ↑*Eingabe-Ausgabe-Gliedern*.
Beispiele: Lochkarte, Lochband, Kurvenscheibe oder Magnetband.

Extremwertregelung   extremal control
экстремальная система регулирования

Als Extremwertregelungen werden automatische Systeme bezeichnet, die sich von einer Festwertregelung dadurch unterscheiden, daß die †*Regelgröße* keinem (festem oder veränderlichem) †*Sollwert,* sondern einem Extremwert (Minimum oder Maximum) zustrebt, dessen Lage und Höhe zufälligen Störungen unterworfen ist.
Die Extremwertregelstrecken enthalten daher stets ein †*Übertragungsglied* mit nichtlinearer Kennlinie (mit Extremum). Der Extremwertregler wird auch als *Optimisator* bezeichnet.

F

Fallbügelregler   hoop drop relay
регулятор с падающей дужкой

Der Fallbügelregler ist ein †*Meßwerkregler,* dessen Meßwerkzeiger periodisch durch einen Fallbügel beaufschlagt wird. Sein Ausschlagwinkel wird dabei mechanisch diskret abgetastet und in einen Ausgangsschaltimpuls umgewandelt. Durch Zuordnung eines Schaltkanals oder der Impulsdauer zum Abtastbereich des Zeigerwinkels wird ein zur unstetigen Regelung geeignetes Signal gewonnen.

Feedback   feedback
обратная связь

Englische Bezeichnung für †*Rückführschaltung.*

Fehlererkennung   error detection
обнаружение ошибки (погрешности)
†*Redundanz.*

Fernsteuerung   remote control
телеуправление, дистанционное управление

Steuerung, in deren †*Wirkungsweg* Signale über größere Entfernungen übertragen werden müssen.
Die Fernsteuerung ist ein Spezialgebiet der †*Fernwirktechnik.* Die Begriffe Fernsteuerung bzw. Fernwirktechnik lassen sich nicht durch die Größe der Übertragungsentfernung definieren. Typisch ist vielmehr, daß für eine hinreichend gesicherte *Signalübertragung* zusätzliche technische Maßnahmen getroffen werden.

Fernwirktechnik   telecontrol engineering
телемеханика

Technik der Übertragung und damit verkettete Verarbeitung systemgebundener, also nicht willkürlich änderbarer technischer Informationen vom Menschen zu technischen Einrichtungen oder umgekehrt oder auch zwischen den technischen Einrichtungen untereinander. Fernwirkanlagen bestehen somit aus Einrichtungen zur Informationseingabe, -übertragung und -ausgabe einschließlich der zugehörigen Informationsverarbeitungsgeräte.
Fernwirkanlagen sind in der Hauptsache Fernüberwachungsanlagen, wie Fernmeß- und Fernzählanlagen, Fernanzeige- und -signalanlagen sowie Fernsteueranlagen, Fernregelanlagen und deren Kombinationen (z. B. Fernbedienungsanlagen).
Keine Fernwirkanlagen sind alle Anlagen, die ausschließlich zur Übertragung änderbarer Informationen zwischen Menschen dienen, z. B. Fernsprechanlagen, Fernschreibanlagen und Rundfunkanlagen.
Diese Definition hat sich weitgehend in den deutschsprachigen Ländern durchgesetzt.

Festwertregelung   constant value control
регулирование для стабилизации параметра

Eine Einteilung der †*Regelungen* nach der Art des zeitlichen Verhaltens der †*Führungsgröße w* ergibt für den Fall konstant die Festwertregelung. Bei Festwertregelungen ist $w = X_s$. (X_s) †*Sollwert.*

Flipflop   flip-flop
опрокидывающая схема
†*Binäres Elementarglied.*

Folgeglied   sequence term
следящее звено, следящий элемент
†*Binäres Elementarglied.*

Folgeregelung   sequential control
следящее регулирование

Regelungen, bei der die †*Führungsgröße* einer anderen Größe folgt, z. B. nach einem Programm (†*Programmregelung*) oder nach einem Zeitplan (†*Zeitplanregelung*).

Folgesteuerung   sequential control
следящее управление
†*Führungssteuerung.*

Frequenzgang frequency response
частотная характеристика

Erregt man ein †*lineares Übertragungsglied* mit einem sinusförmigen Eingangssignal mit konstanter Amplitude und der Kreisfrequenz ω:

$$x_e(t) = E \sin \omega t,$$

so stellt sich im eingeschwungenen Zustand am Ausgang eine Sinusschwingung mit gleicher Kreisfrequenz ω, aber anderer Amplitude und Phasenlage ein (Bild):

$$x_a(t) = A \sin(\omega t + \varphi)$$

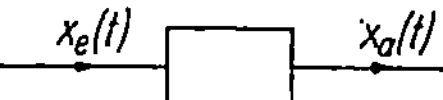

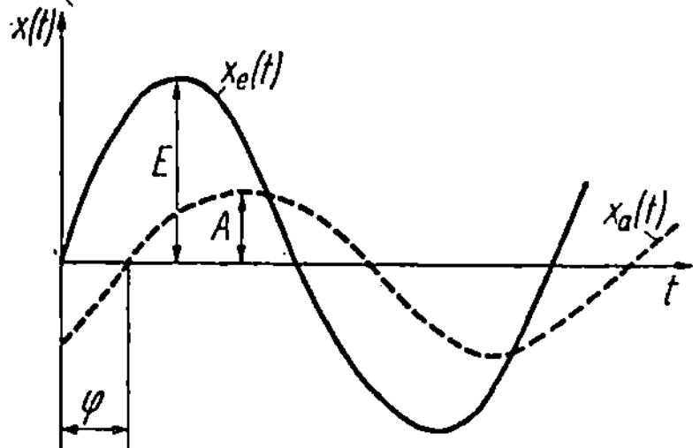

Bildet man für alle ω-Werte $(0 \leq \omega < \infty)$ diejenige komplexe Zahl, deren absoluter Betrag der Quotient der Amplituden von Ausgangs- und Eingangssignal ist und deren Argument die Phasenverschiebung φ ist, so erhält man den Frequenzgang $F(j\omega)$:

$$F(j\omega) = \frac{A}{E} e^{j\varphi}$$

Mit Hilfe des Frequenzgangs läßt sich das Verhalten linearer Übertragungsglieder eindeutig beschreiben.

$$F(j\omega) = |F(j\omega)| \, e^{j\varphi}$$

Der Frequenzgang läßt sich grafisch als †*Ortskurve des Frequenzgangs* oder durch †*Frequenzkennlinien* darstellen. Die Frequenzgänge einiger typischer Übertragungsglieder sind in den Tafeln 1 und 2 angegeben.
Der Betrag $|F(j\omega)|$ wird *Amplitudengang*, das Argument $\arg F(j\omega) = \varphi(\omega)$ wird *Phasengang* genannt [3].

Frequenzkennlinie
frequency characteristic
частотная характеристика

Die Frequenzkennlinien sind eine grafische Darstellung des †*Frequenzgangs*

$$F(j\omega) = |F(j\omega)| \, e^{j\varphi}.$$

Die grafische Darstellung des Logarithmus des Betrags $|F(j\omega)|$ als Funktion des Logarithmus der Kreisfrequenz ω wird Amplitudenkennlinie genannt. Die grafische Darstellung des Arguments φ von $F(j\omega)$ als Funktion des Logarithmus der Kreisfrequenz ω heißt Phasenkennlinie.
Amplitudenkennlinie und *Phasenkennlinie* werden gemeinsam Frequenzkennlinien genannt.
Für die meisten technischen Systeme, exakt: für alle Phasenminimumsysteme, ist die Amplitudenkennlinie für die Beschreibung linearer Übertragungsglieder ausreichend.
In den Tafeln 1 und 2 sind einige Amplitudenkennlinien für typische Übertragungsglieder angegeben.
Mit Hilfe der Frequenzkennlinien lassen sich Aussagen über die †*Stabilität* des geschlossenen Regelkreises machen, wenn die Frequenzkennlinien des †*aufgeschnittenen Regelkreises* $F_0(j\omega)$ bekannt sind.

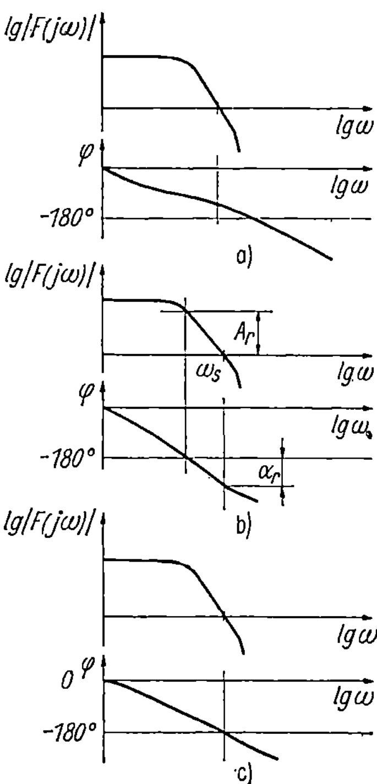

27

In den Bildern a bis c sind für die drei Fälle stabil, instabil und Stabilitätsgrenze die dazugehörigen Frequenzkennlinien angegeben. Das Stabilitätskriterium lautet:

Ist $F_0(j\omega)$ für sich stabil, so ist der geschlossene Regelkreis stabil, wenn die Phasenkennlinie $\varphi(\omega)$ für die Schnittfrequenz ω_s größere Werte als $-180°$ hat, d.h. $\varphi(\omega_s) < -180°$.

Dabei ist ω_s die Frequenz, bei der die Amplitudenkennlinie die ω-Achse schneidet.

Die Größen A_r *(Amplitudenrand)* und a_r *(Phasenrand)* lassen Rückschlüsse auf die Stabilitätsreserve zu. Ein in der Praxis üblicher Wert ist $a_r = 30 \cdots 60°$ [3] [9].

Frequenzmodulation frequency modulation
частотная модуляция

Bei †*Signalen,* deren †*Informationsparameter* durch die Änderungs*frequenz* des †*Signalträgers* gegeben ist, bezeichnet man die umkehrbar eindeutige Zuordnung zwischen den zu signalisierenden Informationen und den Werten der Änderungsfrequenz des Signalträgers als Frequenzmodulation *(†Modulation).*
Man spricht dann von frequenzmodulierten Signalen.

Führungsfrequenzgang
control frequency response
управляющее воздействие
Der Führungsfrequenzgang

$$F_w = \frac{X(j\omega)}{W(j\omega)} = \frac{F_0(j\omega)}{F_0(j\omega) - 1}$$

gibt Aufschluß über das Führungsverhalten des Regelkreises (F_0 Frequenzgang des †*aufgeschnittenen Regelkreises,* †*Frequenzgang).*

Führungsgröße set value, index value
задающая величина

Größen, denen die durch *Steuerung* oder *Regelung* beeinflußten Größen ständig folgen oder angeglichen werden sollen, werden als *Führungsgrößen w* bezeichnet.
Die *Führungsgrößen* einer Steuerung oder Regelung werden durch diese Steuerung oder Regelung nicht beeinflußt.
Werte konstanter Führungsgrößen werden *Sollwerte* X_s genannt.
Führungsgrößen können vom Menschen willkürlich eingestellt oder durch ein übergeordnetes Gerät vorgegeben werden.

Führungsregelung
задающее регулирование
† *Folgeregelung.*

Führungssteuerung
задающее управление, управление по нагрузке

Bei einer *Führungssteuerung* (Folgesteuerung) wird die gesteuerte Größe durch die Führungsgröße eindeutig bestimmt (geführt, nachgeführt).
Beispiel: Steuerung der künstlichen Beleuchtung (gesteuerte Größe) über eine Fotozelle, die nur die Tageshelligkeit (Führungsgröße) erfaßt. Andere Gesichtspunkte zur Einteilung von Steuerungen führen zu †*Ablaufsteuerungen* und †*Zeitplansteuerungen.*

Führungsverhalten
задающая характеристика

Führungsverhalten ebenso wie *Störverhalten* ist das Verhalten der Regelgröße im geschlossenen Regelkreis unter dem Einfluß von Störgrößen oder Führungsgrößenänderungen.
Die Regelgröße reagiert auf den Einfluß von †*Störgrößen* und †*Führungsgrößen* je nach deren Angriffsstelle unterschiedlich. Bei Vereinbarungen über Stör- und Führungsverhalten sind deshalb Angaben über Art und Angriffsstelle der jeweiligen Stör- und Führungsgröße erforderlich.
Zur Berechnung des Stör- bzw. Führungsverhaltens können der †*Störfrequenzgang* bzw. der †*Führungsfrequenzgang* benutzt werden. ·

Funktionelle Betrachtung
функциональное рассмотрение

Steuerungen und Regelungen können †*gerätetechnisch* und funktionell betrachtet werden. Bei der funktionellen Betrachtung steht die prinzipielle Realisierung des gesamten Steuerungs- oder Regelungsprozesses auf Grund der Zuordnung der wirksamen †*Signale* im Vordergrund. Dabei wird der gesamte †*Wirkungsweg* einer Steuerung oder Regelung in †*Übertragungsglieder* zerlegt, deren Signal- und Informationsverarbeitung sich (häufig näherungsweise) hinreichend genau mathematisch erfassen läßt. Um das Zusammenwirken der einzelnen Übertragungsglieder zu veranschaulichen, bedient man sich bei der funktionellen Betrachtung der †*Signalflußpläne* (Blockschaltpläne). Bild a zeigt den Signalflußplan eines †*Regelkreises,* der in die

28

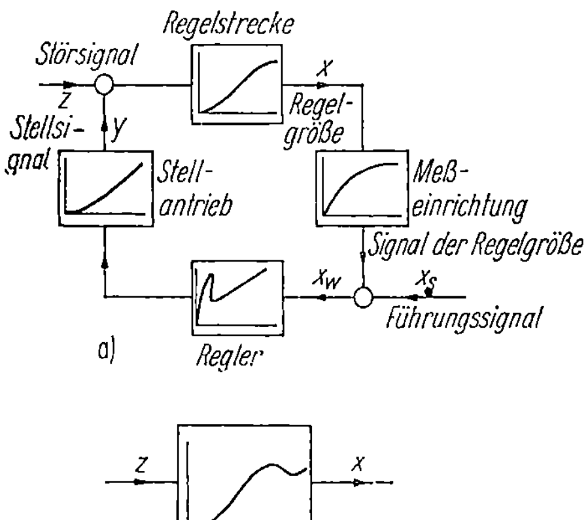

Übertragungsglieder (↑*Regelstrecke*, ↑*Meß-einrichtung*, ↑*Regler* und ↑*Stellantrieb*) zerlegt ist. Zur Kennzeichnung des Signalübertragungsverhaltens der einzelnen Übertragungsglieder sind die jeweiligen ↑*Übertragungsfunktionen* ihrem Typ nach eingetragen.

Die beiden wichtigsten Zielstellungen bei der funktionellen Betrachtung bestehen in der Analyse und in der Synthese des statischen und dynamischen Gesamtverhaltens von Steuerungen und Regelungen.

Bei der *Analyse* von Steuerungen und Regelungen wird die Kenntnis des statischen und dynamischen Signalübertragungsverhaltens der einzelnen Übertragungsglieder (z.B. in Form von ↑*statischen Kennlinien*, ↑*Übertragungsfunktionen*, ↑*Ortskurven des Frequenzgangs*, Differentialgleichungen) als bekannt angesehen. Mit Hilfe entsprechender mathematischer Verfahren gilt es dann, aus dieser Kenntnis heraus das statische und dynamische Gesamtverhalten (↑*Stabilität*, *Genauigkeit*, ↑*Einschwingverhalten* usw.) der Steuerung oder Regelung zu beschreiben bzw. exakt oder näherungsweise zu berechnen.

Bei der *Synthese* von Steuerungen und Regelungen ist dagegen das gewünschte statische und dynamische Gesamtverhalten vorgegeben. Die Signalübertragungseigenschaften der einzelnen Übertragungsglieder sind dann unter Beachtung aller technischen Nebenbedingungen so zu bestimmen, daß das gewünschte Gesamtverhalten erreicht wird. Bild b zeigt in Form einer ↑*Übergangsfunktion* eine Möglichkeit für das dynamische Gesamtverhalten des Regelkreises nach Bild a bei sprungförmigem Störsignal.

Funktionseinheit   functional modul
функциональный блок

Technische Einrichtung, die aus funktionell voneinander abhängigen ↑*Funktionsgruppen* besteht und als funktionelle Einheit eine abgeschlossene Funktion ausübt.
Beispiele: Reglereinheit (Leiteinrichtung, Verstärker, Rückführung und Stromversorgung), Additionseinheit (Operationsverstärker, Netzwerk und Stromversorgung).

Funktionselement   functional modul
функциональный элемент

Kleinste funktionell bestimmbare Einheit eines Geräts, einer Einrichtung oder Anlage.
Es ist konstruktiv ein selbständiges Bauteil.
Den unterschiedlichen Hilfsenergien entsprechend unterscheidet man z.B. elektrische, mechanische, pneumatische, elektromechanische und optische Funktionselemente.
Beispiele: Relais, Transistor, Festkörperschaltkreis, Drossel, Linse.

Funktionsgruppe   functional modul
функциональный узел

Eine Funktionsgruppe ist eine zweckbestimmte Verbindung mehrerer ↑*Funktionselemente* zu einer funktionell abgeschlossenen und konstruktiv selbständigen Einheit.
Beispiele: Stromversorgung, Meßfühler u.a.m.

G

Gatter   gate
функциональная схема

Passives ↑*binäres Elementarglied (↑passives Glied)*.
Beispiele: UND-Glied, ODER-Glied.

Geber

Nicht einheitlich gebrauchter Begriff für ↑*Meßfühler*.

Gegenkopplung   negative feedback
отрицательная обратная связь

Eine Gegenkopplung ist eine negative Rückführung eines Übertragungsglieds *(↑Rückführschaltung)*.

Gerätetechnische Betrachtung   implementation
приборотехническое рассмотрение

Steuerungen und Regelungen können gerätetechnisch und ↑*funktionell* betrachtet werden.
Bei der gerätetechnischen Betrachtung werden
die verwendeten Geräte, Bauglieder und
sonstigen Einrichtungen sowie Anlagen und
Anlagenteile unter besonderer Berücksichti-
gung der in ihnen wirkenden physikalischen
und technischen Gesetzmäßigkeiten und
Größen sowie ihrer Aufgabenstellung innerhalb des Steuerungs- und Regelungsprozesses
beschrieben. Bei der gerätetechnischen Betrachtung steht der Aufbau der ↑*Steuer-* oder
Regelanlage aus einzelnen ↑*Baugliedern*, d.h.
also, aus geräte- bzw. anlagetechnischen Rea-
lisierungen der Übertragungsglieder, im Vordergrund. Zur Veranschaulichung des Zusammenwirkens der einzelnen Bauglieder bedient man sich häufig eines ↑*Baugliedplans*.

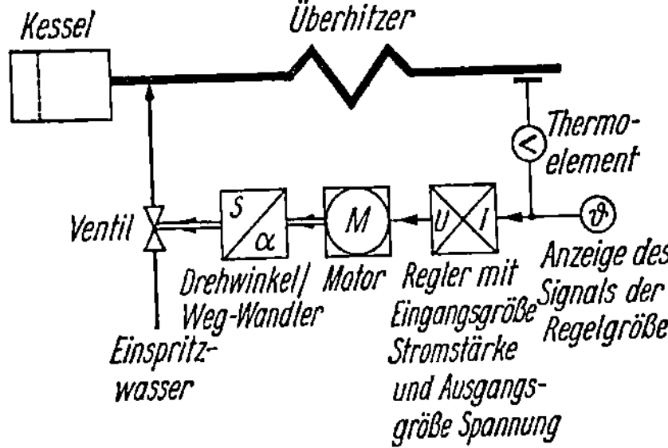

Das Bild zeigt als Beispiel einen Baugliedplan
einer Heißdampftemperaturregelung. Die gerätetechnische Bedeutung der verwendeten
Symbole ist jeweils mit angegeben (vgl.
TGL 14091 – Steuerungs- und Regelungstechnik; Kennzeichen und Symbole).

Geregelte Anlage   controlled plant, object
регулируемая установка

Die *geregelte* und *gesteuerte Anlage* umfaßt
die Strecke und die mit ihren Baugliedern zusammenhängenden Anlageteile. Eine geregelte und gesteuerte Anlage kann auch mehrere Strecken enthalten (gerätetechnisch orien-
tiert).

Gesamtanlage
комплексная установка

Die *Gesamtanlage* mit Regelungen und/oder
Steuerungen umfaßt die ↑*geregelte* oder ↑*gesteuerte Anlage* und die ↑*Regel-* oder ↑*Steueranlage*.

Gesteuerte Anlage   controlled plant, object
управляемая установка
↑*Geregelte Anlage*.

Gesteuerte Größe   controlled variable
управляемая величина
↑*Steuerung*.

Getastete Regelung   sampled-data control
импульсное регулирование
↑*Abtastregelung*.

Gewichtsfunktion   weighting function
весовая функция

Ist das Eingangssignal $x_e(t)$ eines ↑*linearen
Übertragungsglieds* eine ↑*Stoßfunktion* (Nadel-
impuls), so ergibt sich die Gewichtsfunktion $g(t)$ durch Division der ↑*Stoßantwort*
durch das Zeitintegral (Fläche) des Eingangssignals.

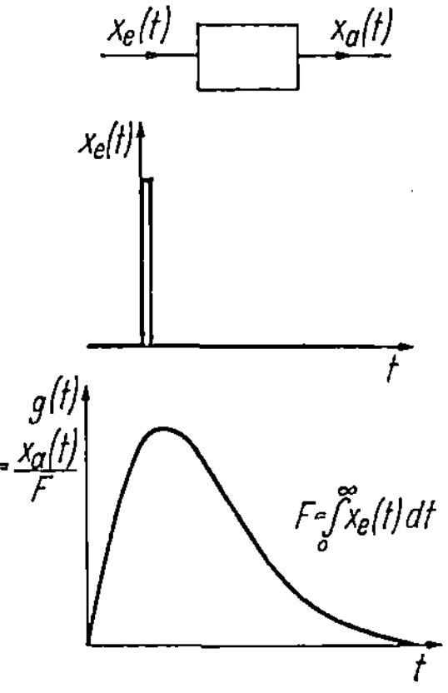

Die Dimension der Gewichtsfunktion $g(t)$ ist
die Dimension des Ausgangssignals, dividiert
durch die mit der Zeit multiplizierte Dimension des Eingangssignals.

Glied   element, link, term
звено, элемент, член

Glieder sind Abschnitte des ↑*Wirkungswegs*
und als solche die wirkungsmäßigen Grund-
bestandteile von Steuerungen oder Regelungen.
Bei der ↑*funktionellen Betrachtung* von Steuerungen oder Regelungen heißen die Glieder
↑*Übertragungsglieder*, bei ↑*gerätetechnischer
Betrachtung* werden sie ↑*Bauglieder* genannt.
Als Abschnitte des Wirkungswegs dienen die

Glieder der Übertragung und Verarbeitung von ↑*Signalen* sowie der in diesen enthaltenen Informationen. Jedes Glied hat einen *Eingang* und einen *Ausgang*. Am Eingang jedes Gliedes ist mindestens ein Eingangssignal wirksam. Ausgangsseitig gibt jedes Glied mindestens ein Ausgangssignal ab. Das Bild zeigt symbolisch ein Glied mit n Eingangssignalen und m Ausgangssignalen. Häufig ist es (insbesondere für die Darstellung in Signalflußplänen) zweckmäßig, den Wirkungsweg so in Glieder zu zerlegen, daß jedes Glied genau ein Ausgangssignal (gegebenenfalls jedoch mehrere Eingangssignale) hat.

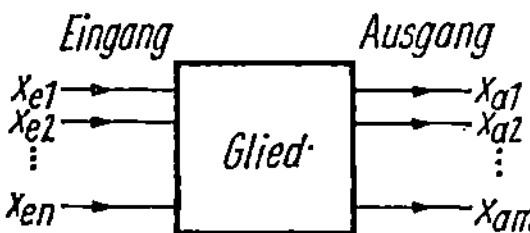

Die Abhängigkeiten zwischen den einzelnen Signalen am Eingang und am Ausgang eines Gliedes werden durch das ↑*Übertragungsverhalten* des Gliedes beschrieben.
Schließt das Übertragungsverhalten eines Gliedes Rückwirkungen von den Ausgangssignalen auf die Eingangssignale aus, so heißt das Glied ↑*rückwirkungsfrei*. Die Zerlegung von ↑*Signalflußwegen* in Übertragungsglieder ist stets so vorzunehmen, daß für alle Übertragungsglieder Rückwirkungsfreiheit vorausgesetzt werden kann.
Übertragungsglieder sind durch ihr Übertragungsverhalten vollständig charakterisiert. Bauglieder sind durch ihr Übertragungsverhalten sowie durch ihren gerätetechnischen Aufbau zu kennzeichnen.

Glied mit Ausgleich
element with self-regulation
звено с компенсацией выравниванием

↑*Glieder* mit Ausgleich werden anhand ihrer ↑*Übergangsfunktion* beurteilt.
Die Übergangsfunktion eines Gliedes mit Ausgleich strebt mit $t \to \infty$ im Mittel einem stationären Endwert zu.
Dazu gehören auch Glieder, die eine *Arbeits-*

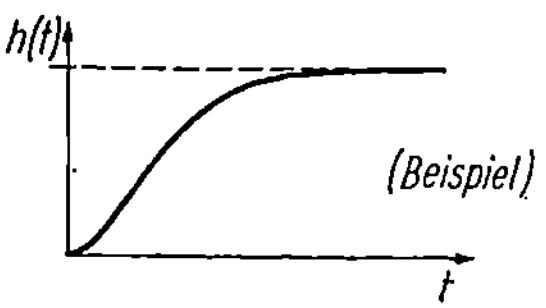

bewegung im stationären Zustand ausführen *(Zweipunktregelungen)*. Das Gegenstück zu Gliedern mit Ausgleich sind ↑*Glieder ohne Ausgleich*.

Glied mit linearer statischer Kennlinie
звено с статической характеристикой

↑*Glieder*, deren ↑*statische Kennlinien* Geraden sind oder deren statische Kennlinienfelder aus Geraden bestehen, werden *Glieder mit linearer statischer Kennlinie* genannt.

Glied ohne Ausgleich
element without self-regulation
звено без компенсации выравнивания

Die Übergangsfunktionen von ↑*Gliedern* ohne Ausgleich wachsen mit $t \to \infty$ über alle Grenzen.
Beispiel: Behälterstand bei Zufluß als Eingangsgröße. Das Gegenstück zu Gliedern ohne Ausgleich sind ↑*Glieder mit Ausgleich*.

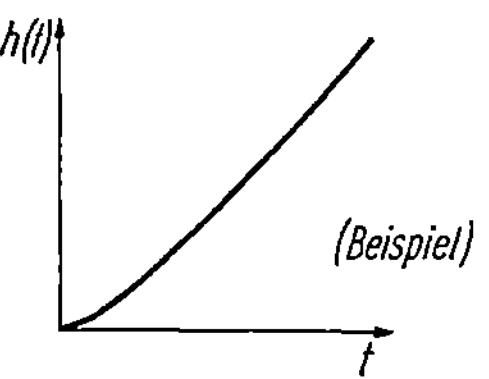

Graykode — Gray-code
код Грейя
↑*Zyklisch permutierter Kode.*

Gütekriterien — quality factor
критерий качества регулирования

Zur Berechnung der Güte einer Regelung sind mehrere Gütekriterien bekannt geworden.

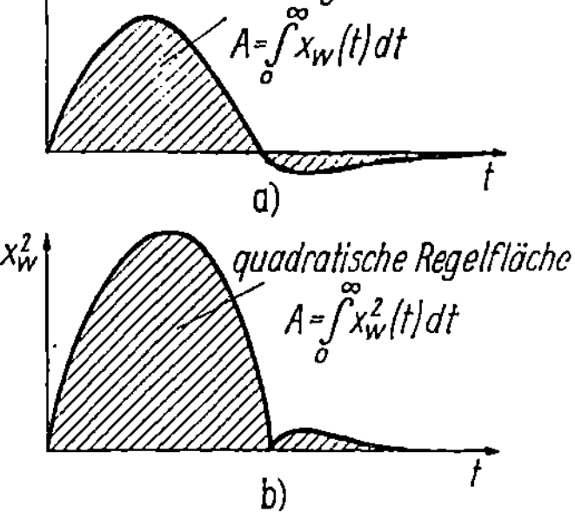

Ein allgemeingültiges Gütekriterium hat sich noch nicht durchgesetzt.

Eine große Gruppe von Kriterien geht von der Regelfläche aus (Integralkriterien). Bei diesen Kriterien wird für den Fall der optimalen Einstellung einer Regelung gefordert, daß die entsprechende Regelfläche ein Minimum wird (z.B. im Bild a lineare Regelfläche, im Bild b quadratische Regelfläche).

Eine andere Gruppe von Kriterien geht von verschiedenen ↑*Frequenzgängen* aus, z.B. das Betragsoptimum oder das praktische Optimum [12] [19].

H

Hand-Automatik-Schalter
ручной и автоматический выклю-
чатель

Mit dem *Hand-Automatik-Schalter* einer Regeleinrichtung wird der bei Stellung „Automatik" gebildete Wirkungsweg durch Umlegen auf Stellung „Hand" an einer solchen Stelle geöffnet, daß auf eine Handregelung oder Handsteuerung mit Hilfe des Handeinstellers übergegangen werden kann. Mit dem ↑*Handeinsteller* kann in Stellung „Hand" des Hand-Automatik-Schalters das Stellglied betätigt werden.

Bei Regelkreisen muß eine stoßfreie Umschaltung von „Hand" auf „Automatik" möglich sein, d.h., daß nach Betätigung des Hand-Automatik-Schalters der Regelkreis im eingeschwungenen Zustand verharrt und sich keine ↑*Einschwingvorgänge* durch die Betätigung des Hand-Automatik-Schalters einstellen.

Handeinsteller   hand adjustment set
устройство ручной установки
↑*Hand-Automatik-Schalter.*

Handregelung   manual control
ручное регулирование

Eine Handregelung wird auch ↑*nichtselbsttätige Regelung* genannt.

Handsteuerung   hand operation
ручное управление

Handsteuerungen werden auch als ↑*nichtselbsttätige Steuerungen* bezeichnet.

Hardware   hardware
оснастка, аппаратура

In der modernen Rechentechnik häufig benutzte Bezeichnung für die Gesamtheit der verwendeten technischen Einrichtungen von Rechenanlagen (z.B. Speicher, Eingabe- und Ausgabegeräte).

Hilfseinrichtung   auxiliary attachment
вспомогательное устройство

Durch Hilfseinrichtungen in Regelkreisen werden das Betreiben und die Bedienung vereinfacht. Eine Hilfseinrichtung ist z.B. der ↑*Hand-Automatik-Schalter.*

Hilfsenergie

Zur Erzielung entsprechender Stellkräfte sowie gegebenenfalls zur Informationsübertragung und -verarbeitung wird in Regelkreisen Hilfsenergie benötigt. In der BMSR-Technik werden als Hilfsenergie Elektrik, Pneumatik oder Hydraulik verwendet. Die Wahl der Hilfsenergie richtet sich hauptsächlich nach dem Signalträger des Ausgangssignals eines Wandlers.

Hilfsregelgröße s. Hilfsstellgröße

Ist das Ergebnis eines einschleifigen ↑*Regelkreises* nicht befriedigend, so kann oftmals das Aufschalten einer Hilfsregelgröße x_H eine Verbesserung bringen. Es wird dabei ein Teil der ↑*Zeitkonstanten* der Regelstrecke ausgeschaltet, da die Reaktion der Strecke auf eine Störung über x_H schneller erfaßt wird.

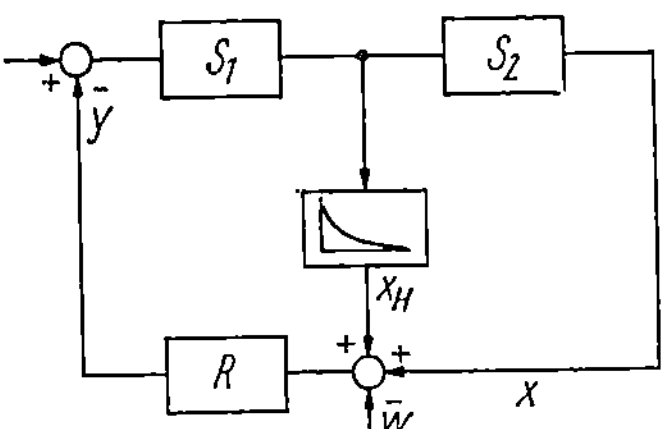

Eine Variante der Aufschaltung von Hilfsregelgrößen ist die ↑*Kaskadenregelung* [3] [26].

Hilfsstellgröße
регулируемая дополнительная величина, регулируемая вспомогательная величина

Zur Verbesserung einer Regelung wird häufig eine zusätzliche ↑*Stellgröße* aufgeschaltet

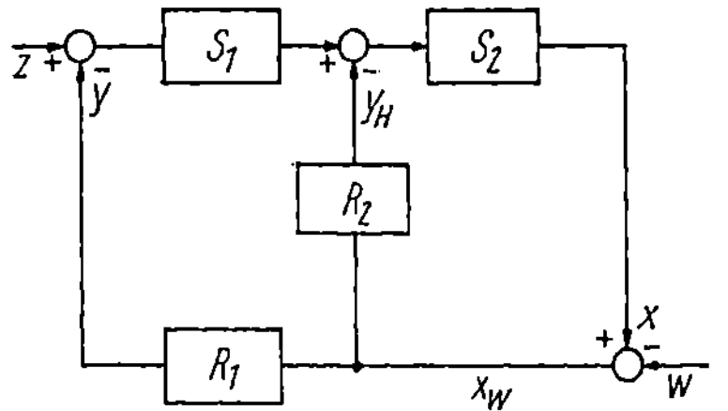

(Hilfsstellgröße), um †*Zeitkonstanten* der Strecke auszuschalten (im Bild: R_1 Hauptregler, R_2 Hilfsregler, y_H Hilfsstellgröße) [3] [26].

Hysterese
overlap, hysteresis
гистерезис

Bei Übertragungsgliedern wird von Hysterese gesprochen, wenn die Ausgangsgröße für steigende Eingangsgrößen einen anderen Verlauf hat als für fallende Eingangsgrößen.
Als Beispiel sollen anhand der †*statischen Kennlinie* eines Dreipunktglieds (Bild) zunächst die †*Ansprechwerte* A_n und die *Abfallwerte* A_b festgelegt werden.

A_{nr} rechter Ansprechwert
A_{br} rechter Abfallwert
A_{nl} linker Ansprechwert
A_{bl} linker Abfallwert

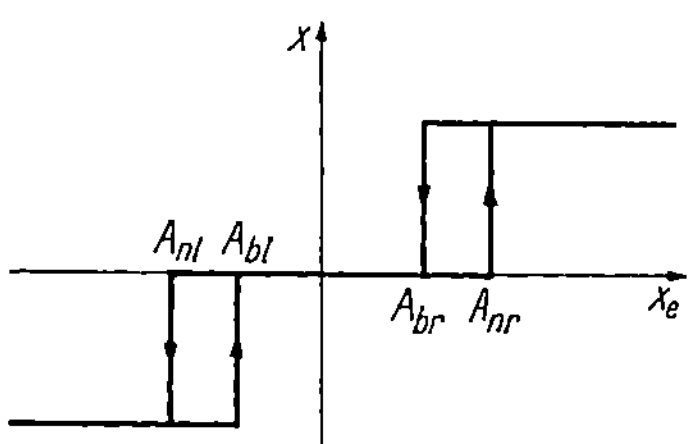

Als Hysterese wird die Differenz (rechts und links)

$$H_r = (A_n - A_b)_r \text{ bzw. } H_l = (A_n - A_b)_l$$

bezeichnet [8].

I

I-ähnliche Glieder
†*P-ähnliche Glieder.*

I-Glied
integrating element
интегрирующее звено, интегрирующий орган
†*Kennzeichnung von Übertragungsgliedern.*

IFAC

Abkürzung für *I*nternational *F*ederation of *A*utomatic *C*ontrol, der internationalen Organisation der Regelungstechniker.
Nationale Organisationen sind:
DDR: †*DGMA*
Bundesrepublik: VDI/VDE-Fachgruppe Regelungstechnik
Schweiz: Schweizerische Gesellschaft für Automatik (SGA)
Österreich: Österreichischer Verband für Elektrotechnik (ÖVE)

Information
information
информация

Bei der automatischen Steuerung und Regelung industrieller Prozesse ergibt sich ständig die Aufgabe, Informationen zu gewinnen, zu übertragen, zu verarbeiten, zu speichern und aus ihnen resultierende Konsequenzen zu realisieren. Diese Informationen können dem industriellen Prozeß selbst entnommen werden (Meßwertinformationen über wesentliche Zustandsgrößen des Prozesses); sie können aber auch aus der technologischen oder ökonomischen „Umwelt" des Prozesses stammen (Informationen über technologische oder ökonomische Nebenbedingungen).
Diese Informationen werden einer †*Steuer- oder Regeleinrichtung* mitgeteilt (Bild). Die Steuer- oder Regeleinrichtung kann die ihr mitgeteilten Informationen speichern oder

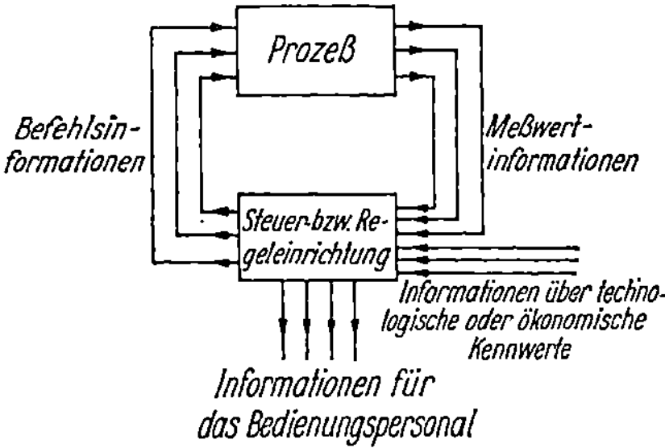

(etwa durch Anzeige oder Druck) dem Bedienungspersonal ausgeben oder weiterverarbeiten und sie in „verdichteter" Form wieder abgeben. Schließlich können die so verarbeiteten Informationen zu Konsequenzen führen, die am industriellen Prozeß im Sinn einer technologisch und ökonomisch optimalen Prozeßführung realisiert werden müssen. In diesem Fall müssen den †*Stellgliedern* des Prozesses von der Steuer- oder Regeleinrichtung Informationen über auszuführende *Befehle* mitgeteilt werden.

Die bei der Steuerung oder Regelung industrieller Prozesse zu übertragenden und zu verarbeitenden Informationen sind also einerseits *Zahlwertinformationen* (Meßwerte des Prozesses, technologische bzw. ökonomische Kennwerte) und andererseits *Befehlsinformationen* (Informationen über die erforderliche Betätigung von Stellgliedern).

Um die genannten Informationen durch entsprechende technische Einrichtungen übertragen, verarbeiten und speichern zu können, müssen sie einem geeigneten ↑*Informationsträger* aufgeprägt werden. Der für die automatische Steuerung und Regelung wichtigste Informationsträger ist das ↑*Signal* [18].

Informationsparameter

information parameter

параметр информации

Jedes ↑*Signal* hat mindestens einen Informationsparameter. Die Werte der Informationsparameter eines Signals stellen entweder jeweils für sich allein oder in ihrer Gesamtheit die ↑*Signalwerte* dieses Signals bereit. Durch ↑*Modulation* oder ↑*Kodierung* werden diesen Signalwerten die von ihnen abgebildeten Informationen umkehrbar eindeutig zugeordnet.

Ein Informationsparameter ist *analog*, wenn der Informationsparameter in gewissen Grenzen beliebige Zwischenwerte annehmen kann.

Ein Informationsparameter, der nur endlich viele verschiedene Werte annehmen kann, wird als *diskret* bezeichnet.

Kann ein diskreter Informationsparameter nur zwei verschiedene (dann durch L bzw. O symbolisierte) Werte annehmen, so wird er als *binär* bezeichnet.

Informationsträger   information carrier

носитель информации

Ein Informationsträger ist ein physikalisches System, das einer bestimmten Anzahl voneinander unterscheidbarer Zustände fähig ist, von denen jeder eine bestimmte Information abbildet.

In diesem allgemeinen Sinne gehören zu den Informationsträgern bedrucktes Papier, Lochkarten, Lochbänder, Magnetbänder, ↑*Signale* usw.

Besonders wichtig sind solche Informationsträger, deren informationsdarstellende Zustände zeitlicher Änderungen fähig sind und

die deshalb zeitlich veränderliche Informationen zeitlich aktuell abbilden können. Zu dieser Gruppe von Informationsträgern gehören die ↑*Signale*. Die voneinander unterscheidbaren und zeitlich veränderlichen informationsabbildenden Zustände eines Signals sind durch die ↑*Signalwerte* (Werte eines ↑*Informationsparameters*, ↑*Kodewörter*) gegeben.

Informationsverarbeitung

information processing

переработка (обработка) информации

↑*Informationen* in Steuerungen oder Regelungen können *Zahlwertinformationen* oder *Befehlsinformationen* sein. Das Ziel einer Steuerung oder Regelung besteht stets darin, Befehlsinformationen für die im Sinne optimaler Prozeßführung erforderliche Betätigung der ↑*Stellglieder* des Prozesses zu gewinnen. Da es in der Regel nicht möglich ist, diese Befehlsinformationen *unmittelbar* dem Prozeß zu entnehmen, müssen diese aus den direkt zugänglichen Informationen durch Informationsverarbeitung gewonnen werden. So ist es z.B. bei Zahlwertinformationen häufig notwendig, diese miteinander durch Addition, Subtraktion, Multiplikation oder Division zu verknüpfen oder derartige Zahlwertinformationen zu integrieren oder zu differenzieren. Ferner ist es häufig notwendig, binäre Informationen (das sind Informationen, bei denen nur zwei einander ausschließende Aussagen, z.B. „Antrieb eingeschaltet" bzw. „Antrieb nicht eingeschaltet", in Frage kommen) logisch miteinander zu verknüpfen.

Technisch wird die Informationsverarbeitung in Steuerungen und Regelungen durch entsprechende Verarbeitung der ↑*Signale* realisiert. In diesem Sinne ist die ↑*Signalverarbeitung* die technische Realisierung der Informationsverarbeitung.

Informationsvorrat   information supply

запас информации

Der Informationsvorrat eines ↑*Signals* besteht aus allen denjenigen Informationen, die durch seine ↑*Signalwerte* dargestellt werden können. Bei digitalen Signalen sind die verfügbaren Signalwerte durch alle ↑*Kodewörter* dieses Signals gegeben. Durch einen ↑*Kode* wird jedem Kodewort umkehrbar eindeutig eine bestimmte Information (Zahlwert, Befehl) aus dem Informationsvorrat zugewiesen [18].

Instabilität   instability

нестабильность

↑*Stabilität.*

Integraler Übertragungsfaktor

  integral transfer factor

интегральный коэффициент передачи

↑*Übertragungsfaktor.*

Integralzeit   integral action time

время интеграла

Die Integralzeit T_I eines I_0-Gliedes ist durch Bild a definiert. Die Gleichung eines I_0-Gliedes lautet:

$$x_a(t) = \frac{K}{T_I} \int_0^t x_e(t)\, dt$$

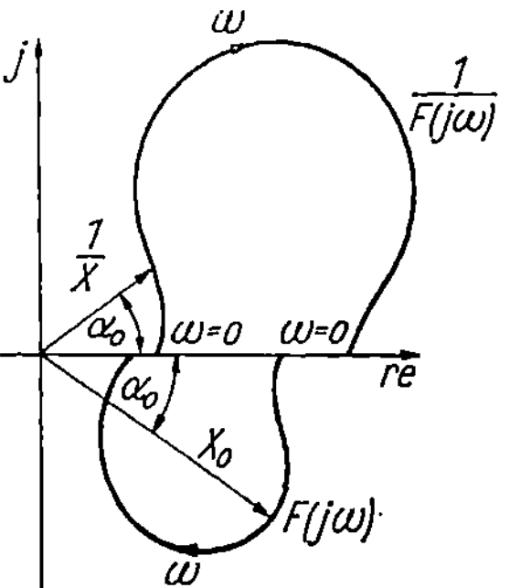

a)

Die *Integralzeit* T_I eines $P_0 I_0$-Gliedes ist die Zeit, die das Ausgangssignal benötigt, um nach einer sprunghaften Änderung des Eingangssignals von Null auf einen festen Wert, zusätzlich derselben Änderung des Ausgangssignals, zu erzeugen, die durch den P-Anteil sofort nach dem Sprung erzeugt wird (Bild b). Die Gleichung eines $P_0 I_0$-Gliedes lautet:

$$x_a(t) = K\left[x_e(t) + \frac{1}{T_I} \int_0^t x_e(t)\, dt\right]$$

b)

Interne Speicher   internal storage

внутренняя память, внутренний запоминающий блок

Interne Speicher dienen der Speicherung von ↑*Informationen,* soweit diese für die Informationsverarbeitung innerhalb der Steuer- oder Regelanlage erforderlich sind.

Beispiel: Speicher mit bistabilen Multivibratoren, Ferritkernspeichern, Magnettrommel.

Inverse Ortskurve   inverse locus of points

инверсная локус-диаграмма, кривая геометрического места точек

Die inverse Ortskurve $1/(F(j\omega))$ ist die bildliche Darstellung des Kehrwerts der ↑*Ortskurve des Frequenzgangs* $F(j\omega)$. Bei der Konstruktion von $1/(F(j\omega))$ aus $F(j\omega)$ ändert der Phasenwinkel a_0 sein Vorzeichen, und Beträge werden reziprok gebildet $1/X_0$. Ein Beispiel für die Darstellung der Lage der inversen Ortskurve $1/(F(j\omega))$ der Ortskurve $F(j\omega)$ ist im Bild wiedergegeben [3].

Istwert   actual value, desired value

действительное значение, фактическая величина

Istwert einer Größe (z. B. Istwert der *Regelgröße*) ist ihr jeweiliger Augenblickswert. Der Wert einer Größe kann infolge äußerer Einwirkungen einer zeitlichen Änderung unterworfen sein, so daß die Augenblickswerte zu zwei Zeitpunkten verschieden sein können.

K

Kanonische disjunktive Normalform

нормальная каноническая дисъюнктивная форма

↑*Schaltfunktion.*

Kaskadenregelung   cascade control system

каскадное регулирование, система каскадного регулирования

Ist eine Variante der Aufschaltung einer ↑*Hilfsgröße.* Im Blockschaltbild sind x_H Hilfsregelgröße, R_1 Hilfsregler, R_2 Hauptregler.

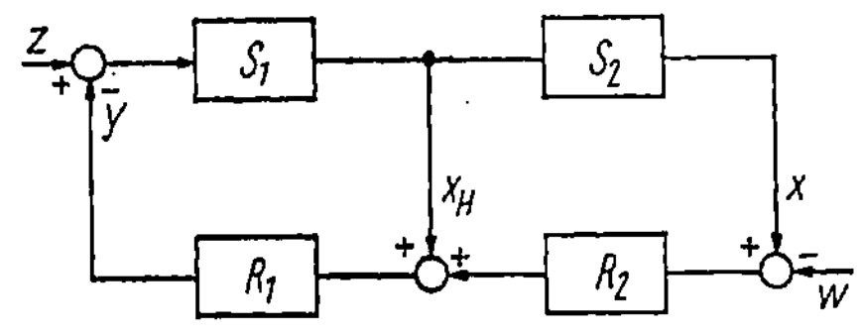

Kennlinie   characteristic
характеристика

Man benutzt ↑*statische* und dynamische *Kennlinien* (z.B. ↑*Frequenzkennlinien*) zur Kennzeichnung von *Übertragungsgliedern.*

Kennwertermittlung   identification
определение характеристик

Unter Kennwerten von ↑*Übertragungsgliedern* werden Größen verstanden, mit deren Hilfe das statische und dynamische Übertragungsverhalten von ↑*Gliedern* eindeutig beschreibbar ist. Die für ein bestimmtes Übertragungsverhalten typischen Kennwerte können aus experimentell aufgenommenen Kurven ermittelt werden [10].

Zu diesem Zweck werden bestimmte Testsignale an den Eingang des zu untersuchenden Übertragungsglieds gelegt. Verwendet man als Eingangssignal Sinusschwingungen verschiedener Frequenzen, so erhält man als experimentelle Kurve die ↑*Ortskurve des Fre-*

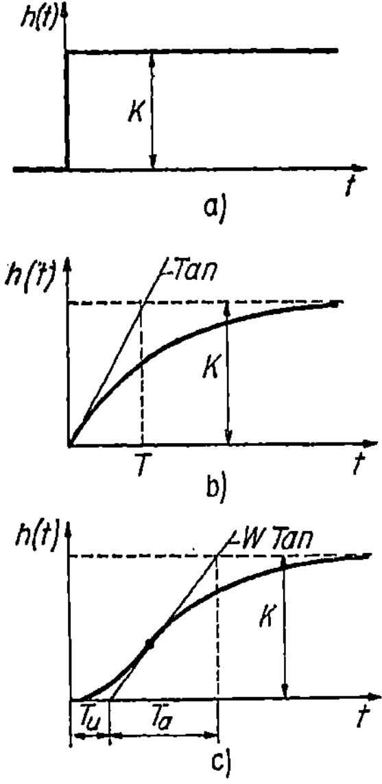

quenzgangs. Diese Methode zur Kennwertermittlung wird als Methode im Frequenzbereich bezeichnet.

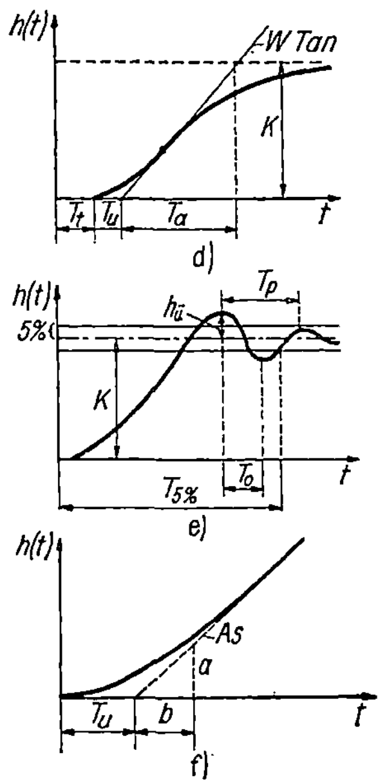

Verwendet man als Eingangstestsignal aperiodische Zeitfunktionen, so erhält man ebenfalls auswertbare Kurven. Diese Methoden, die es gestatten, aus experimentell aufgenommenen Antwortfunktionen auf aperiodische Eingangssignale die regelungstechnischen Kennwerte zu entnehmen, werden Methoden der Kennwertermittlung im Zeitbereich genannt. Darunter fallen unter anderem die Methoden der Analysen von Gewichtsfunktionen und Übergangsfunktionen. Die bekanntesten Verfahren zur Auswertung von Übergangsfunktionen sind die Wendetangentenverfahren und die Zeitprozentkennwertverfahren.

Läßt sich die Übergangsfunktion eines stetigen linearen Gliedes durch eine der folgenden Kurventypen darstellen, so können daraus folgende für das Glied charakteristische Kennwerte entnommen werden (Bilder a bis f).

Im Bild bedeuten:

K Übertragungsfaktor, T Zeitkonstante, T_a Ausgleichszeit, T_u Verzugszeit, T_t Totzeit,

T_0 zeitlicher Abstand der ersten beiden Extremen, $T_{5\%}$ Einschwingzeit bis 5 % des Übertragungsfaktors, T_p Periodendauer, h_0 bezogene Überschwingweite, Tan Tangente im Nullpunkt, WTan Wendepunkttangente, $a/b = K_I$ integraler Übertragungsfaktor, A_s Asymptote.

Die Kennwerte in den Bildern b bis d wurden nach dem Wendetangentenverfahren ermittelt.

Bild d zeigt ein Übertragungsglied mit ↑*Totzeit*.

Im Bild e ist das Zeitprozentkennwertverfahren für ein Schwingungsglied gezeigt.

Im Bild f wird abschließend noch ein Übertragungsglied mit integralem Verhalten gezeigt.

Kennzeichnung von Übertragungsgliedern
обозначение передающих элементов

Die verschiedenen Möglichkeiten der statischen und dynamischen Kennzeichnung linearer ↑*Glieder* sind in Tafel 1 und 2 zusammengestellt (s. S. 38 u. 39).

Dabei bedeutet P_0-Glied: Proportional-Übertragungsglied ohne Verzögerung.

Glieder, die als ↑*Reihenschaltung* eines P_0-, I_0- oder D_0-Gliedes mit Verzögerungsgliedern und/oder Totzeitgliedern aufgefaßt werden können, heißen P-, I- oder D-Glieder.

↑*Parallelschaltungen* von P_0-, I_0- und D_0-Gliedern werden entsprechend benannt (z.B. P_0I_0-, P_0D_0-, $P_0I_0D_0$-Glied). Glieder, die als Reihenschaltung eines P_0I_0-, P_0D_0- oder $P_0I_0D_0$-Gliedes mit Verzögerungsgliedern und/oder Totzeitgliedern aufgefaßt werden können, heißen PI-, PD oder PID-Glieder.

Klimaregelung   climate control
система кондиционирования воздуха

Regelung des Klimas von Innenräumen (z.B. Arbeits-, Wohn-, Produktions- oder Repräsentationsräume).

Zur Gewährleistung des Wohlbefindens der sich in diesen Räumen aufhaltenden Menschen, zur Verbesserung der technologischen Eigenschaften von Rohstoffen (z.B. Textilfabriken), zur Erzielung präziser Messungen (z.B. Feinmeßtechnik, Eichämter) oder zur Verlängerung der Haltbarkeit von Produkten (z.B. Kühlhäuser).

Die Regelung ist eine vermaschte Regelung der Größen Temperatur und der relativen Feuchte *(↑Mehrfachregelung)*.

Kode   code
код

Unter einem Kode (auch Code) versteht man eine in beiden Richtungen eindeutige *Zuordnung* zwischen der signalisierten ↑*Information* und den ↑*Kodewörtern* eines kodierten ↑*diskreten Signals*.

Man denkt sich alle Einzelinformationen, die von einem ↑*digitalen Signal* übertragen werden sollen, zum *Informationsvorrat* dieses Signals zusammengefaßt. Im Fall der Befehlssignalisierung besteht dieser Informationsvorrat aus allen Einzelbefehlen (z.B. Stellbefehlen), die von diesem Signal übertragen werden sollen. Im Fall der Zahlwertsignalisierung wird der für die Signalisierung in Frage kommende Wertebereich der signalisierten Größe in eine Anzahl von Teilintervalle zerlegt, die der Anzahl der verfügbaren ↑*Kodewörter* entspricht. Alle diese Teilintervalle oder häufig auch geeignete Zahlwertrepräsentanten aus diesen Teilintervallen werden zum Informationsvorrat zusammengefaßt.

Dem Informationsvorrat steht der *Signalvorrat* gegenüber. Er besteht aus allen ↑*Kodewörtern* eines gegebenen digitalen Signals. Bei dieser Betrachtungsweise ist ein Kode eine umkehrbar eindeutige Zuordnung zwischen allen Elementen des Informationsvorrats und (nicht unbedingt allen) Elementen des Signalvorrats. Vom Signal aus betrachtet besagt dies, daß ein Kode gewissen Kodewörtern eines digitalen Signals ihre Bedeutung (Semantik) zuordnet.

Erhalten dabei *alle* möglichen Kodewörter eines digitalen Signals eine Bedeutung zugewiesen, so wird der Kode (und auch das Signal) als *redundanzfrei* bezeichnet. Im anderen Fall spricht man von *redundanten* Kodes bzw. Signalen *(↑Redundanz)*.

Digitale Signale, bei denen alle Informationsparameter *binär* sind (d.h. nur zwei verschiedene O und L symbolisierte Werte annehmen können), haben nur Kodewörter, die ausschließlich aus den Zeichen O und L aufgebaut sind. Kodes für derartige digitale Signale werden als ↑*Binärkodes* bezeichnet.

Ein einzelnes Zeichen eines binären Kodewortes wird als ↑*Bit* bezeichnet.

Die Kodierung im einzelnen, d.h. die spezielle Art der Zuordnung zwischen den Elementen des Informationsvorrats und denen des Signalvorrats, ist im Fall der Befehlssignalisierung (von Sonderfällen, wie statistische Kodierung bei variabler Kodewortlänge, abgesehen)

Tafel 1

Bezeichnung	Kennlinie	Frequenz-gang	Übergangsfunktion	Frequenzkennlinie	Symbol
P$_0$-Glied	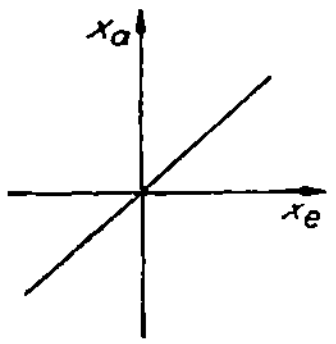	$F(\mathrm{j}\omega) = K$	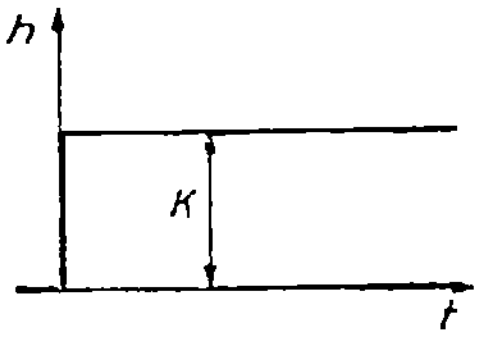	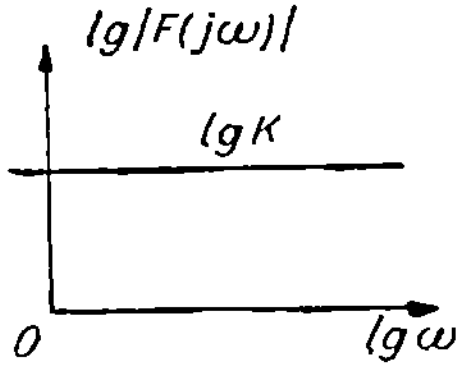	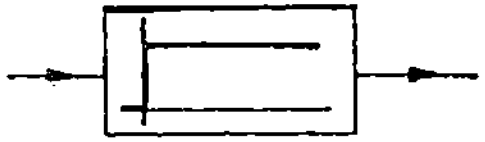
I$_0$-Glied	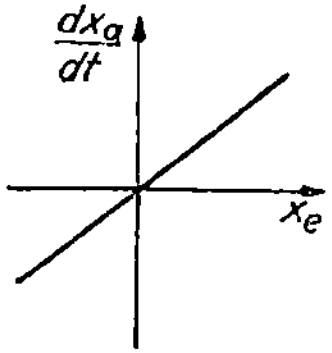	$F(\mathrm{j}\omega) = \dfrac{K_\mathrm{I}}{\mathrm{j}\omega}$	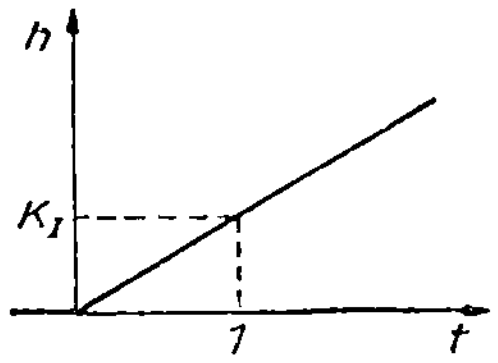	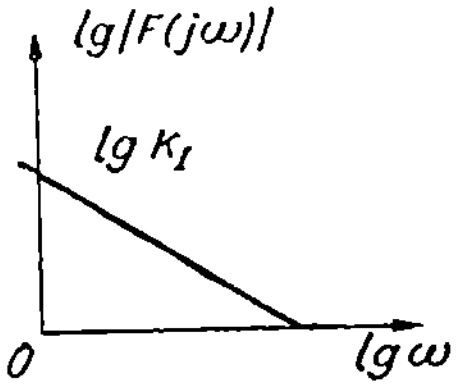	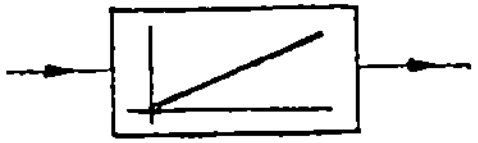
D$_0$-Glied	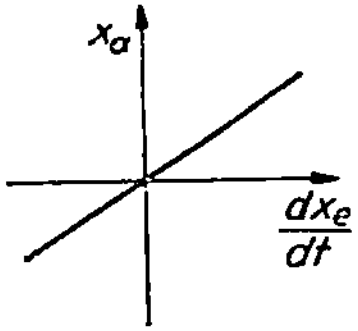	$F(\mathrm{j}\omega) = K_\mathrm{D}\mathrm{j}\omega$	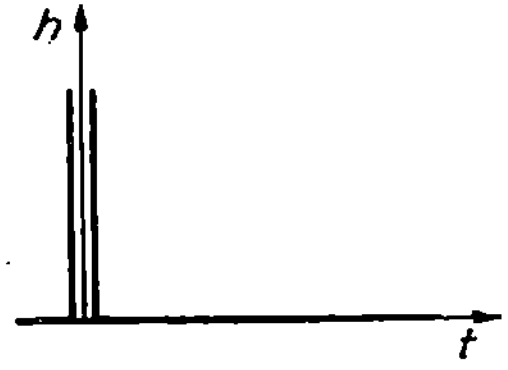	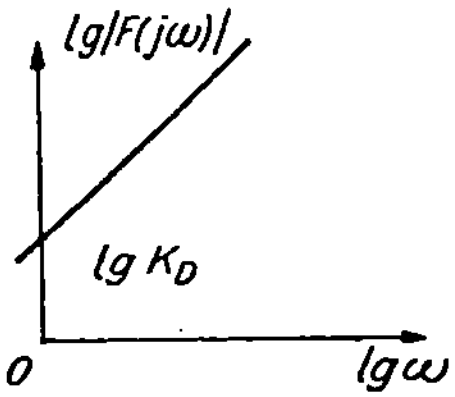	

Tafel 2

Bezeichnung	Frequenzgang	Übergangsfunktion	Frequenzkennlinie	Symbol
Verzögerungsglied 1.Ordnung (T_1-Glied)	$F(\mathrm{j}\omega) = \dfrac{1}{1 + T\mathrm{j}\omega}$			
Schwingendes Verzögerungsglied (T_2^*-Glied)[1]	$F(\mathrm{j}\omega) = \dfrac{1}{1 + 2D\mathrm{j}\omega + T_2(\mathrm{j}\omega)^2}$ $0 < D < 1$			
Totzeitglied (T_t-Glied)	$F(\mathrm{j}\omega) = \mathrm{e}^{-T_t\mathrm{j}\omega}$			
Vorhaltglied 1.Ordnung (T_{D_1}-Glied)	$F(\mathrm{j}\omega) = 1 + T_{D_1}\mathrm{j}\omega$			
Vorhaltglied 2.Ordnung (T_{D_2}-Glied)	$F(\mathrm{j}\omega) = 1 + T_{D_1}\mathrm{j}\omega + T_{D_2}{}^2(\mathrm{j}\omega)^2$			

[1]) Konjugiert komplexe Nullstellen können durch einen Stern am T angedeutet werden.

kaum allgemeinen Richtlinien unterworfen und kann meist sehr freizügig den jeweiligen Anwendungsfällen angepaßt werden.
Für den Fall der Zahlwertsignalisierung gibt es dagegen eine Reihe von Binärkodes, die im Hinblick auf eine zweckmäßige und rationelle ↑*Signalverarbeitung* entwickelt wurden. Dazu gehören vor allem

der ↑*Dualkode*
die ↑*dezimal-binären* Kodes
die ↑*zyklisch permutierten* Kodes

Darüber hinaus sind durch systematische Ausnutzung der ↑*Redundanz* Sonderkodes zur *Fehlererkennung* und zur *Fehlerkorrektur* bekannt geworden [18].

Kodebasis
база кодов, основание кодов

Bei einem ↑*digitalen Signal* mit n ↑*Informationsparametern*, von denen jeder unabhängig von allen anderen k verschiedene Werte annehmen kann, wird k als Kodebasis bezeichnet.
Ein derartiges Signal hat k^n verschiedene ↑*Kodewörter*. Meist wird in der ↑*Digitaltechnik* die Kodebasis $k = 2$ gewählt. In diesem Fall nennt man die einzelnen Informationsparameter des digitalen Signals *binär*. Die darauf aufbauenden ↑*Kodes* werden als ↑*Binärkodes* bezeichnet.

Kodewort   code word
кодовое слово

Jede geordnete Folge von Werten aller ↑*Informationsparameter* eines ↑*digitalen Signals* wird als ein Kodewort bezeichnet.
Hat ein digitales Signal $n \geqq 2$ *Informationsparameter*, von denen jeder $k > 1$ verschiedene Werte annehmen kann, so gibt es k^n verschiedene n-stellige Kodewörter für dieses Signal. Jedes Kodewort wird als ein ↑*Signalwert* dieses digitalen Signals aufgefaßt. Alle k^n Kodewörter zusammen bilden den ↑*Signalvorrat* des digitalen Signals.
Häufig tritt der Fall auf, daß alle Informationsparameter eines digitalen Signals *binär* sind. In diesem Fall ist die ↑*Kodebasis* $k = 2$, und jedes Kodewort stellt eine Folge von Symbolen L bzw. O dar.
Durch einen ↑*Kode* wird jedem Kodewort des Signalvorrats die von diesem dargestellte Information zugeordnet.

Kodewortabstand
интервал кодовых слов

Unter dem Kodewortabstand zweier gleich langer ↑*Kodewörter* des ↑*Signalsvorrats* eines Signals mit binären ↑*Informationsparametern* versteht man die Anzahl derjenigen Stellen, in denen sich diese beiden Kodewörter unterscheiden. Durch ↑*Redundanz* eines Kodes kann erreicht werden, daß je zwei für die Informationsdarstellung verwendete Kodewörter einen bestimmten Mindestabstand > 1 erhalten. Auf dieser Grundlage ist eine automatische ↑*Fehlererkennung* oder *Fehlerkorrektur* möglich.

Kodierung   coding
кодирование
↑*Kode.*

Konjunktion   conjunction
конъюнкция
↑*Schaltfunktion.*

Konjunktionsglied   conjunction element
элемент конъюнкции
↑*Binäres Elementarglied.*

Kontinuierliches Signal   continuous signal
непрерывный сигнал

Ein ↑*Signal* heißt kontinuierlich, wenn seine ↑*Signalwerte in jedem beliebigen Zeitpunkt* die ihnen jeweils zugeordneten Informationen abbilden. Bei kontinuierlichen Signalen können daher in jedem beliebigen Zeitpunkt die von diesem Signal dargestellten Informationen erhalten werden. Im Hinblick auf Beispiele vgl. Signal.
Das Gegenstück zu einem kontinuierlichen Signal ist ein ↑*diskontinuierliches Signal.*

Kompensationsverfahren
compensation method
способ компенсации

Arbeitsprinzip zur Wandlung oder Messung physikalischer Größen, wobei der Meßgröße eine vom Wandler erzeugte Kompensationsgröße entgegengeschaltet wird. Der Kompensationskreis ist ein Regelkreis, der die Abweichung zwischen Meßgröße und Kompensationsgröße gegen Null gehen läßt. Die Ausgangsgröße ist proportional der Kompensationsgröße und damit der Ausgangsgröße.
Kompensationsmeßeinrichtungen entziehen dem Meßobjekt im abgeglichenen Zustand keine Energie. ↑*Kraftkompensationsverfahren.*

Korrelation   correlation
корреляция

Eine Korrelation von Signalen beschreibt statistisch zu wertende Abhängigkeiten zwischen Zeitverläufen. Durch die „Kreuzkorrelationsanalyse" wird der Grad der kausalen Abhängigkeit eines Zeitsignals von einem anderen ermittelt. Durch die „Autokorrelationsanalyse" wird die innere kausale Bindung eines Zeitsignals bewertet. Die Verfahren basieren auf einer speziellen integralen Mittelwertbildung, die zur Korrelationsfunktion führt. Korrelationsfunktion und Leistungsspektrum sind ineinander überführbar. Anwendungen findet die Korrelationstechnik in der modernen Meß- und Nachrichtentechnik zur Identifikation von Systemen und Signalen [30].

Kraftkompensationsverfahren
метод силовой компенсации

Das Kraftkompensationsverfahren ist ein spezielles Verfahren der Kraftkompensation, bei dem der Vergleich der Eingangsgröße mit der Kompensationsgröße über einem Kraftvergleich durchgeführt wird. In der BMSR-Technik findet das Kraftkompensationsverfahren vor allem bei der Messung verfahrenstechnischer Größen (Temperatur, Druck, Differenzdruck, Dichte und Füllstand) Anwendung.

Als Beispiel sei eine elektrische Kraftkompensation im Bild dargestellt.

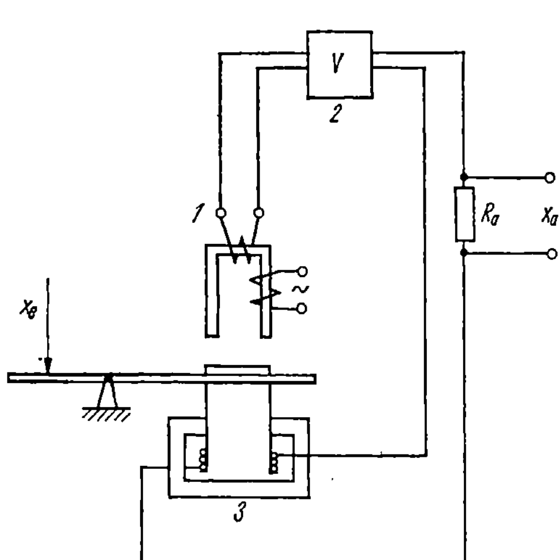

Die Eingangsgröße x_e wirkt auf einen Hebelarm. Die Auslenkung des Hebels erzeugt im induktiven Geber *1* ein Signal, das über einem Verstärker *2* einer Tauchspule *3* zugeführt wird. Die so erzeugte Kraft wird der Auslenkung des Hebels entgegengebracht. Das Ausgangssignal x_a ist somit proportional dem Eingangssignal x_e [8].

Kreisverstärkung   closed-loop gain
усиление замкнутого шлейфа

Besteht der lineare Regelkreis aus einer ↑*Regelstrecke* mit Ausgleich (↑*Übertragungsfaktor* K_S) und einer ↑*Regeleinrichtung* mit Ausgleich (Übertragungsfaktor K_R), so ist die *Kreisverstärkung* V_0 der Übertragungsfaktor des aufgeschnittenen Regelkreises (Hintereinanderschaltung von Regeleinrichtung und Regelstrecke).

$$V_0 = K_R K_S \text{ (dimensionslos)}$$

Die Kreisverstärkung V_0 hat besonders bei Stabilitätsuntersuchungen von Regelkreisen Bedeutung.
Der Wert

$$R = \frac{1}{1 + V_0}$$

wird ↑*Regelfaktor* genannt.

Kritischer Punkt   critical point
критическая точка
↑*Stabilität.*

k_v-Wert c_v-coefficient value
величина пропускной способности $к_v$

Ventilkoeffizient. Der Zahlenwert des Ventilkoeffizienten gibt bei Stellventilen den Wasserdurchfluß in m³/h bei einem Druckabfall am Stellglied von 1 kp/cm² an.
Seine Berechnung erfolgt für Flüssigkeiten nach der Gliederung

$$k_v = cdA_d \sqrt{\frac{2\Delta p_0}{\varrho_0}} \; ;$$

A Öffnungsquerschnitt in cm²
Δp_0 Druckabfall in kp/cm²
ϱ_0 Dichte in kg/dm³
α Durchflußbeiwert (dimensionslos)
c Konstante für die Untersuchung von Maßeinheiten

Der k_v-Wert wird oft auch als wirksame Öffnung bezeichnet. Die Kenntnis des k_v-Wertes ermöglicht eine wesentlich genauere Berechnung von Stellventilen [28].

L

Laufbereich

Der Laufbereich einer †*I-Regeleinrichtung* ist derjenige Bereich, in dem sich die †*Regelgröße* ändern muß, um die Geschwindigkeit der †*Stellgröße* von Null auf ihren maximalen Wert zu bringen.

Lineare Näherung   linear approximation
линейное приближение

Gekrümmte †*statische Kennlinien* werden häufig zur Vereinfachung der Betrachtung in gewissen Bereichen durch lineare Ersatzkennlinien angenähert. Eine derartige Maßnahme wird als *lineare Näherung* einer †*statischen Kennlinie* bezeichnet (Bild).

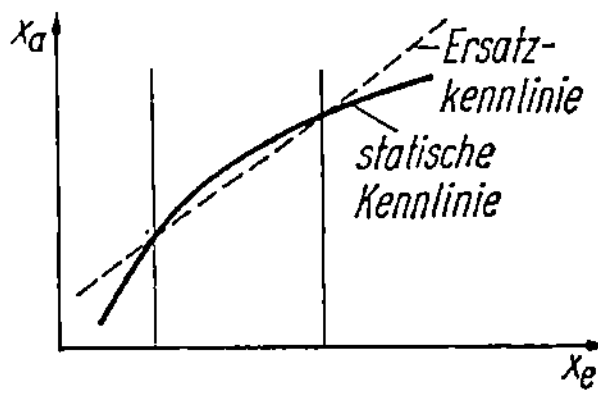

Zur weiteren Behandlung des Übertragungsglieds wird dann die linearisierte Kennlinie herangezogen und die Methoden der linearen Regelungstheorie benutzt.

Lineares Übertragungsglied
linear transfer circuit
линейный элемент передачи

Ein Übertragungsglied heißt linear, wenn das Überlagerungsgesetz (Superpositionsgesetz) gilt. Die Wirkungen mehrerer Eingangssignale können einzeln betrachtet werden und danach in jedem beliebigen Zeitpunkt aus der Summe der Wirkungen die Gesamtwirkung bestimmt werden.

Logarithmisches Frequenzbild Bode diagram
логаритмическая схема частоты, диаграмма Боде

Andere Bezeichnung für †*Frequenzkennlinien.*

Logische Glieder   logic elements
элементы логики, логические элементы

†*Glieder* zur logischen Verknüpfung von †*binären Signalen (†binäre Glieder).*

Logisches Verknüpfungselement
logical circuit module
элемент логической связи

†*Binäre Elementarglieder.*

Lose   backlash
величина (партия) серии

†*Ansprechempfindlichkeit.*

M

Maximale Regelabweichung   set-up error
максимальное отклонение регулируемой величины

Die *maximale Regelabweichung* X_M ist der größte Wert der Regelabweichung x_w, der während eines Regelvorgangs auftritt. Im Bild ist die *maximale Regelabweichung* X_M für einen Störungssprung angegeben.

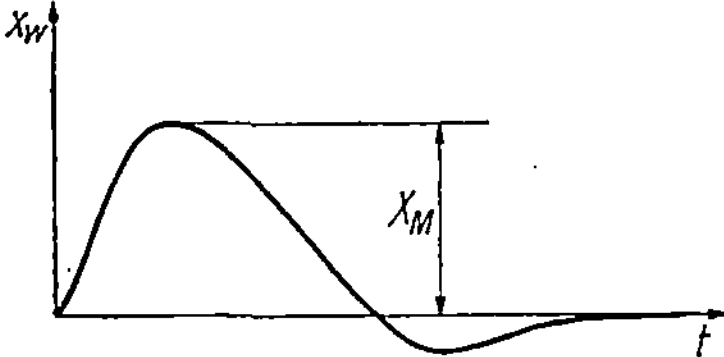

Die *maximale Regelabweichung* ist von der Art und der Größe der Störungs- oder Führungsgrößenänderung abhängig. Bei Gewährleistungen in Projekten sollten deshalb die Größe, der zeitliche Verlauf und die Angriffstelle der *Stör- und Führungsgrößen* im *Regelkreis* vereinbart werden.

Mehrfachregelung   multiple control
одновременное регулирование нескольких объектов

Gleichzeitige †*Regelung* mehrerer †*Regelgrößen* eines Systems, bei dem die Regelgrößen durch eine Kopplung voneinander abhängen.
Die allgemeine Beschreibung der Regelstrecke einer Mehrfachregelung von n Eingangsgrößen $y_1 \cdots y_n$ und n Ausgangsgrößen $x_1 \cdots x_n$ liefert die Gleichung (Bild a)

$$X_\mathrm{K} = \sum_{i=1}^{n} A_{\mathrm{K}i} y_i + \sum_{i=1}^{n} B_{\mathrm{K}i} x_i; \quad k = 1 \cdots n$$

Als günstig zu behandelnde Strukturen haben sich die p-kanonische (Bild b) und die v-kanonische (Bild c) Form ergeben.

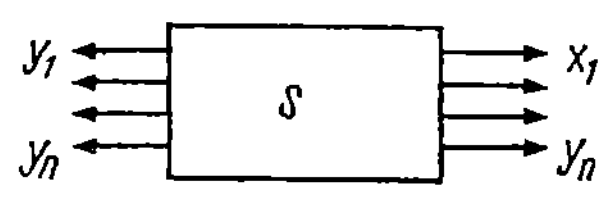

a)

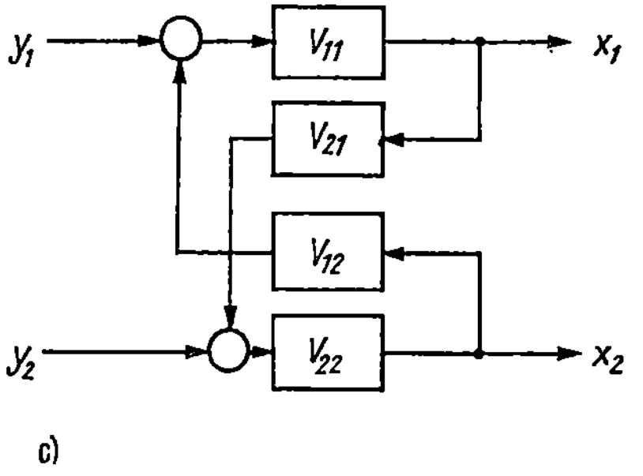

b)

c)

(In den Bildern für eine Zweifachregelung – $n = 2$ – angegeben.)
Mit Hilfe der Theorie der Mehrfachregelung ist es möglich, Entkopplungsregler zu dimensionieren, die die Kopplungen der Regelgrößen über die Regelstrecke eliminieren.
Da die gefundenen Entkopplungsalgorithmen im allgemeinen technisch schwer oder gar nicht zu realisieren sind, werden Verfahren zur näherungsweisen Entkopplung erarbeitet und mit Erfolg angewandt [3] [6] [37].

Mehrgrößenregelung

multi-variable control
система регулирования нескольких величин

Neue Bezeichnung für ↑*Mehrfachregelung*.

Mehrpunktglied

многопозиционный элемент

Bei Mehrpunktgliedern nimmt die Ausgangsgröße x_a für wachsende Werte der Eingangsgröße x_e mehrere diskrete Werte an.
Mehrpunktglieder, die analoge ↑*Eingangssignale* zulassen, werden durch die Kennlinien statisch charakterisiert *(↑statische Kennlinie)*.
Im Bild a ist als Beispiel ein 5-Punkt-Glied angegeben.
Ein Mehrpunktglied wird durch seine Schaltpunkte x_i beschrieben (Bild a).
Zu den Mehrpunktgliedern gehören folgende typische Glieder:

1. Zweipunktglied ohne ↑*Hysterese* (Bild b)
2. Zweipunktglied mit ↑*Hysterese* (Bild c)
3. Dreipunktglied ohne ↑*Hysterese* (Bild d)
4. Dreipunktglied mit ↑*Hysterese* (Bild e)

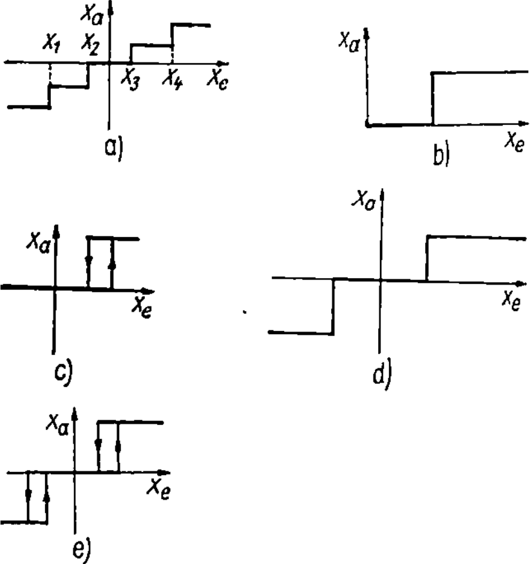

Ein *Mehrpunktglied* heißt *Mehrpunktglied mit Hysterese*, wenn seine statische Kennlinie für wachsende Eingangssignale anders verläuft als für fallende Eingangssignale *(↑Hysterese)*.

Mehrpunktsignal

multi-step signal, multi-position signal
многоточечный сигнал

Ein ↑*diskretes Signal* mit genau einem ↑*Infor-*

mationsparameter heißt Mehrpunktsignal, wenn die einzelnen ↑*Signalwerte* des ↑*Signalvorrats* dieses Signals durch die möglichen Werte des Informationsparameters gegeben sind.

Durch ↑*diskrete Modulation* wird jedem Signalwert eines Mehrpunktsignals die von diesem dargestellte Information (Zahlwert, Befehl) umkehrbar eindeutig zugeordnet.

Mehrstelliges Signal   multiple signal

многомерный сигнал

Ein ↑*Signal* heißt mehrstellig, wenn es mindestens zwei ↑*Informationsparameter* hat.

Meßeinrichtung   measuring unit

датчик, измерительный прибор
↑*Regeleinrichtung.*

Meßfühler   detecting element

измерительный элемент

Der Meßfühler ist im ↑*Signalflußweg* einer ↑*Meßeinrichtung* der erste ↑*Wandler.* Er überträgt den Werteverlauf der Meßgröße auf den Werteverlauf einer anderen Größe, die für eine Signalverarbeitung günstiger ist. Der Meßfühler liefert das natürliche Abbildungssignal der Meßgröße.

Meßort der Regelgröße

Meßort der Regelgröße ist diejenige Stelle des ↑*Regelkreises,* an der der Wert der Regelgröße erfaßt wird. Für die Festlegung des Meßorts bedarf es einer Vereinbarung.

Meßumformer   transducer

измерительный преобразователь

Einrichtung zur Umwandlung von Eingangsgrößen (Meßgrößen) in analoge Ausgangsgrößen.
Meßumformer schließen u. a. ↑*Transmitter* ein (Ausgangssignal = Einheitssignal), können aber auch Teile von Transmittern sein (z. B. Kraftmeßumformer im Differenzdrucktransmitter).
↑*Wandler.*

Meßumsetzer

↑*Wandler.*

Meßverstärker

measuring (signal) amplifier
измерительный усилитель
↑*Wandler.*

Meßwandler

transducer, measuring transformer
измерительный преобразователь
↑*Wandler.*

Meßwarte   control centre

контрольно-измерительный пункт (щит)

Die Meßwarte ist eine räumliche Zusammenfassung aller Einrichtungen, die zur Messung, Steuerung und Regelung eines Prozesses notwendig sind.
In der Meßwarte sind alle Anzeige- und Registriereinrichtungen übersichtlich angeordnet und die Bedienungselemente an den Wartenfeldern oder entsprechenden Pulten vereint. Von der Meßwarte aus wird die Anlage gefahren.

Meßwerkregler

Der Meßwerkregler ist ein unstetiger Regler, dessen Eingangsgröße durch ein Zeigermeßinstrument gemessen wird. Die Zeigerstellung wird durch mechanische (Fallbügel), elektronische und optische Abgriffselemente in diskrete Signale umgewandelt, die zu unstetigen Regelvorgängen verwendet werden.

Meßwert

Der Meßwert ist der aus der abgelesenen Anzeige ermittelte Wert. Er wird als Produkt aus Zahlenwert und Einheit der Meßgröße angegeben (z. B. 530 °C oder 1,1 kp/cm^2).

Meßwertabhängiges Signal

measuring signal
сигнал, зависящий от измеряемой величины

Ist die signalisierte Größe eine im Prozeß gemessene Größe, die den Steuerungs- oder Regelungsprozeß wesentlich beeinflußt, so wird das ↑*Signal* meßwertabhängiges Signal genannt.

Meßwerterfassung

data acquisition (logging)
получение (сбор) измеряемых величин
Eine Stufe der ↑*Prozeßsteuerung.*

Meßwertverarbeitung

processing of measured data
переработка (обработка) измеряемых величин
Eine Stufe der ↑*Prozeßsteuerung.*

44

Mitkopplung positive feedback

положительная обратная связь

Mitkopplung ist eine *positive Rückführung* (↑*Rückführungsschaltung*).

Modellregelkreis model control system

моделированный контур регулирования, модель объекта регулирования

↑*Analogrechner*, der durch spezielle Rechenelemente zur dynamischen Simulation von Regelkreisen besonders geeignet ist. Diese zusätzlichen Rechenelemente gestatten es, in der Regelungstechnik übliche Übertragungsglieder direkt nachzubilden.

Der Modellregelkreis ermöglicht es, die Probleme der Stabilität, der Einstellung der Regler und des Zusammenwirkens aller Regelkreisglieder statt am technischen, biologischen oder ökonomischen Kreis am Modell im verkürztem Zeitmaßstab zu studieren. Zu diesem Zweck wird ein Modell des realen Systems auf dem Analogrechner geschaffen [11] [17].

Modulation modulation

модуляция

Bei ↑*Signalen* mit genau einem ↑*Informationsparameter* bezeichnet man die Zuordnung zwischen den ↑*Signalwerten* (möglichen Werten des Informationsparameters) und den durch sie dargestellten Informationen (Elementen des ↑*Informationsvorrats*) als Modulation.

Analoge Modulation liegt vor, wenn der Informationsparameter analog ist, also in gewissen Grenzen beliebige Werte annehmen kann.

Diskrete Modulation liegt vor, wenn der Informationsparameter diskret ist, also nur endlich viele Werte annehmen kann. Diskrete Modulation ist oftmals mit einer *Quantisierung* der zu signalisierenden *Information* verbunden.

Je nach Art des Informationsparameters unterscheidet man zwischen ↑*Amplitudenmodulation*, ↑*Frequenzmodulation*, ↑*Phasenmodulation* usw. Speziell bei Impulsfolgesignalen sind die ↑*Pulsamplitudenmodulation* (PAM), ↑*Pulslängenmodulation* (PLM), ↑*Pulsfrequenzmodulation* (PFM) und die ↑*Pulsphasenmodulation* (PPM) bekannt.

Multiplikationsstelle

точка (знак) умножения

Punkte des ↑*Signalflußplans*, an denen ↑*Signale*

multiplikativ verknüpft werden, heißen *Multiplikationsstellen*. Sie werden im ↑*Signalflußplan* wie im Bild dargestellt.

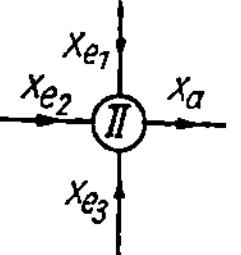

Es gilt folgende Gleichung:

$$x_a = x_{e1} x_{e2} x_{e3}$$

N

Nachgebende Rückführung variable (elastic) feedback

гибкая обратная связь

Befindet sich im Rückwärtszweig der ↑*Rückführschaltung* ein ↑*Übertragungsglied* mit einer ↑*Übergangsfunktion*, wie sie im Bild gezeigt wird, so wird die Rückführung als nachgebend bezeichnet. Die Kennzeichnung geschieht durch den Übertragungsfaktor K_r und der Nachstellzeit T_n. Die Zusammenschaltung eines *P*-Reglers mit einer nachgebenden Rückführung (als ↑*negative Rückführung*) ergibt einen *PI*-Regler.

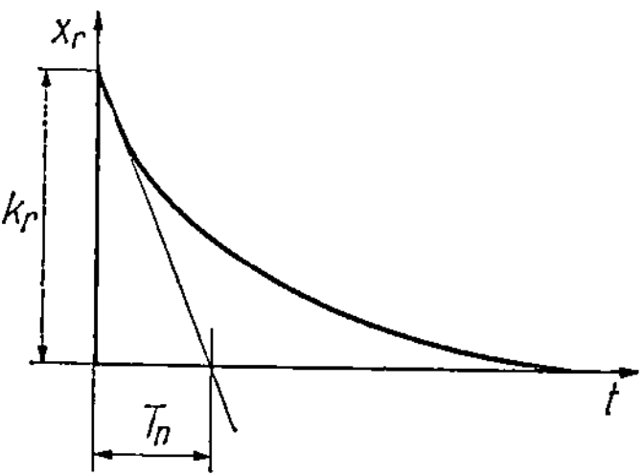

Nachlaufregelung servo control

следящее регулирование, система следящего регулирования

Nachlaufregelungen sind spezielle ↑*Folgeregelungen*, bei denen die ↑*Regelgröße* als Weg von Hebeln oder als Winkel auftritt.

Nachstellzeit settling time

время изодрома

Die ↑*Integralzeit* einer ↑*PI-Regeleinrichtung* wird Nachstellzeit T_n genannt. Diese Bezeichnung wird besser durch Integralzeit T_i ersetzt.

Bei einer *PID*-Regeleinrichtung wird die Zeitkonstante der ↑*nachgebenden Rückführung* Nachstellzeit T_n genannt.

Nadelfunktion   needle (impulse) function

игольчатая функция

↑*Gewichtsfunktion.*

NAND-Glied   NAND-element

элемент И-НЕ

↑*Binäres Elementarglied.*

Negation   negation

отрицание

↑*Schaltfunktion.*

Negative Ortskurve

отрицательная локус-диаграмма

Bei der Darstellung der negativen Ortskurve wird statt der ↑*Ortskurve des Frequenzgangs* $F(j\omega)$ in der komplexen Ebene $-F(j\omega)$ aufgetragen. Bei der negativen Ortskurve sind alle Zeiger um 180° gedreht.

Ein Beispiel für die Darstellung der Lage der

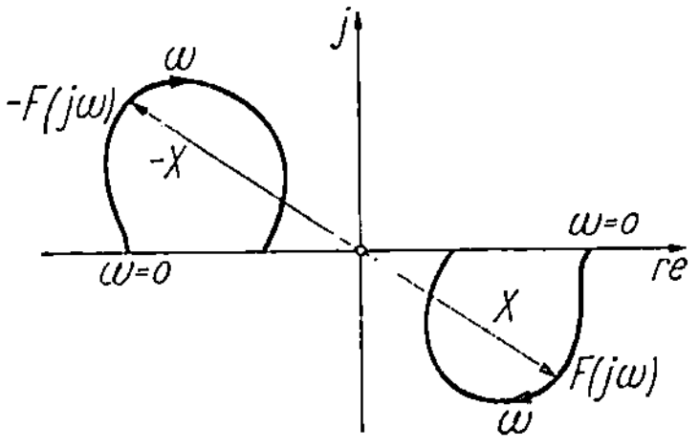

negativen Ortskurve $-F(j\omega)$ zur Ortskurve $F(j\omega)$ ist im Bild angegeben.

Negative Rückführung   negative feedback

отрицательная обратная связь

Eine negative Rückführung wird auch *Gegenkopplung* genannt *(↑Rückführschaltung)*.

Negator   NOT-gate

схема НЕ

↑*Binäres Elementarglied.*

NICHT-Glied   NOT-element

элемент НЕ

NICHT-Glieder werden auch Negatoren genannt, ↑*binäres Elementarglied.*

Nichtlineare Regelung   non-linear control

система нелинейного регулирования

Als nichtlineare Regelung wird eine Regelung bezeichnet, wenn wenigstens ein ↑*nichtlineares Übertragungsglied* im Regelkreis enthalten ist.

Für die rechnerische Behandlung von nichtlinearen Regelungen stehen u. a. die Methoden der ↑*Beschreibungsfunktion* oder der ↑*Phasenebene* zur Verfügung.

Nichtlineares Übertragungsglied   non-linear element

нелинейный элемент передачи

Ein Übertragungsglied heißt nichtlinear, wenn das Überlagerungsgesetz (Superpositionsprinzip) nicht gilt. Das bedeutet, daß man die Wirkungen mehrerer Eingangssignale nicht summieren kann, um die Gesamtwirkung zu erhalten.

Einige nichtlineare Glieder lassen sich allein durch ihre ↑*statische Kennlinie* charakterisieren, das sind z.B. ↑*Mehrpunktglieder* mit und ohne ↑*Hysterese, Begrenzung* und ↑*Ansprechempfindlichkeit* (Bilder a–f).

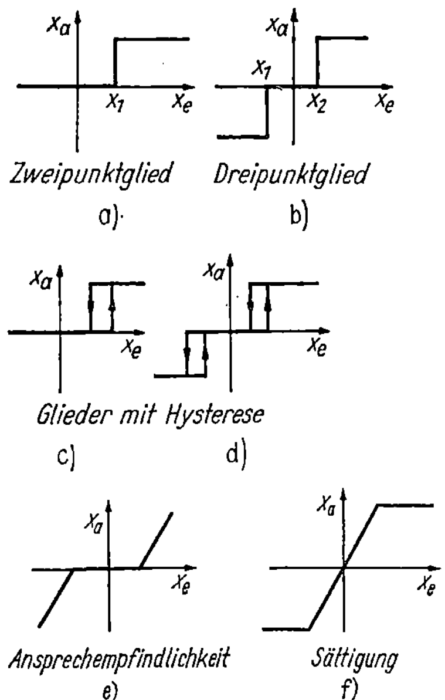

Die mathematische Methode zur Behandlung solcher spezieller nichtlinearer Glieder ist die ↑*Beschreibungsfunktion*. Die Darstellung nichtlinearer Glieder wird im ↑*Signalflußplan* durch ein Symbol charakterisiert, das im Bild g gezeigt wird.

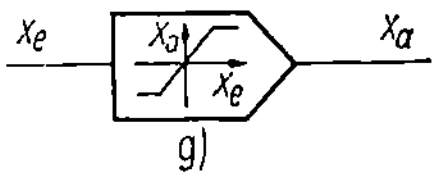

Nichtselbsttätige Regelung
power-assisted control
непрямое регулирование, система непрямого регулирования

Eine *nichtselbsttätige Regelung (Handregelung)* ist eine solche Regelung, bei der die Aufgabe mindestens eines Gliedes des Wirkungswegs ständig vom Menschen übernommen wird.

Nichtselbsttätige Steuerungen
power-assisted control
непрямое управление, система непрямого регулирования

Eine *nichtselbsttätige Steuerung (Handsteuerung)* ist eine solche Steuerung, bei der die Aufgabe mindestens eines Gliedes des Wirkungswegs ständig vom Menschen übernommen wird.

NOR-Glied   NOR-element
элемент ИЛИ-НЕ
↑*Binäres Elementarglied.*

Numerische Steuerung   numerical control
цифровое управление
↑*Digitale Steuerung.*

Nyquist-Kriterium   Nyquist criterion
критерий Найквиста
↑*Stabilität.*

O

ODER-Glied   OR-element
элемент ИЛИ
↑*Binäres Elementarglied.*

Ortskurve des Frequenzganges
transfer locus, Nyquist plot
локус-диаграмма частотной характеристики

Die Ortskurve des Frequenzgangs ist die grafische Darstellung des ↑*Frequenzgangs* $F(j\omega)$

in der komplexen Ebene für alle Werte von ω ($0 \leq \omega < \infty$) als Parameter für lineare Übertragungsglieder.

Bei der Darstellung der Ortskurven des Frequenzgangs geht man davon aus, daß man die Sinusschwingungen am Eingang und Ausgang eines ↑*Übertragungsglieds* durch rotierend gedachte Zeiger veranschaulichen kann.

Im Bild a ist die Zeitfunktion $x(t) = E \sin \omega t$ und die Zeigerdarstellung angegeben.

Der zu dieser Zeitfunktion gehörige Zeiger hat die Länge E und rotiert mit der Winkelgeschwindigkeit ω. In der Zeit t_1 legt der Zeiger den Winkel $\omega_1 t_1$ zurück. Die Zeitfunktion kann man sich durch Projektion des Endpunktes des Zeigers auf die senkrechte Achse entstanden denken. Zum Zeitpunkt $t = 0$ soll sich der Zeiger in der reellen Achse befinden.

Im Bild b sind zwei Sinusschwingungen $x_e(t)$ und $x_a(t)$ als Zeitfunktionen und als Zeigerdarstellung angegeben. Haben die zwei Sinusschwingungen gleiche Frequenz, aber eine unterschiedliche Phasenlage, so bedeutet das, daß die beiden Zeiger mit der Winkelgeschwindigkeit ω rotieren und eine Phasenverschiebung φ gegeneinander haben, die sich im Laufe der Umdrehung nicht ändert.

Für die Charakterisierung ist es deshalb ausreichend, wenn man nur die Länge der Zeiger und deren Phasenlage für eine bestimmte Frequenz ω angibt.

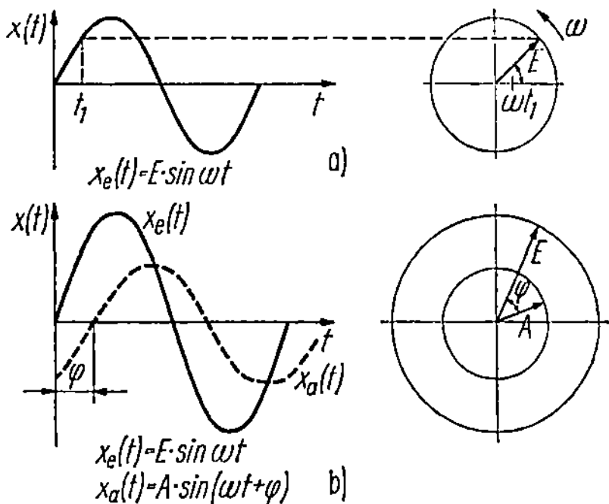

Der Zeiger für die sinusförmige Eingangsgröße des Übertragungsglieds $x_e = E \sin \omega t$ wird in die reelle Achse der komplexen Ebene gelegt. Bei fester Eingangsamplitude E wird die Frequenz ω variiert. Für jede Frequenz ω ergibt sich eine sinusförmige Ausgangsgröße $x_a(t) = A \sin(\omega t + \varphi)$, die jeweils unterschiedliche Amplituden A und Phasenverschiebung φ hat. Trägt man die dazugehörigen Zeiger in die komplexe Ebene mit ein, so erhält man ein Zeigerbild, wie es Bild c darstellt.

Variiert man ω zwischen 0 und ∞ und verbindet die Endpunkte der Zeiger, so erhält man die Ortskurve des Frequenzgangs (Bild d).

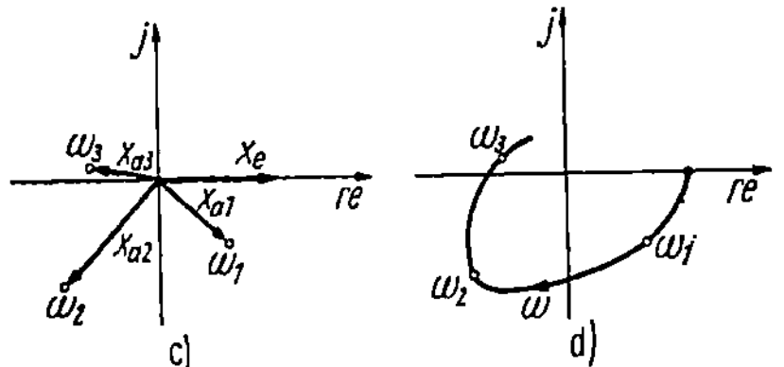

Ortskurven des Frequenzgangs können zur Stabilitätsprüfung von Regelkreisen benutzt werden (↑*Stabilität*).

Aus experimentell aufgenommenen Ortskurven von Regelstrecken lassen sich alle notwendigen Kennwerte zur Beschreibung des Regelvorgangs entnehmen (↑*Kennwertermittlung*) [3] [21] [22].

P

PAM *s.* Pulsamplitudenmodulation
↑*Pulsamplitudenmodulation.*

Parallelschaltung parallel connection
параллельная схема

Bei der *Parallelschaltung* zweier ↑*Übertragungsglieder* wird jedem der beiden ↑*Glieder* das gleiche ↑*Eingangssignal* zugeleitet. Das ↑*Ausgangssignal* ergibt sich durch Addition bzw. Subtraktion der Ausgangssignale der beiden Glieder.

Eine Parallelschaltung zweier Übertragungsglieder ist im Bild dargestellt.

Es gelten die Gleichungen:

1. $x_e = x_{e1} = x_{e2}$ (↑*Verzweigungsstelle*)

2. $x_a = \pm x_{a1} \pm x_{a2}$ (↑*Additionsstelle*)

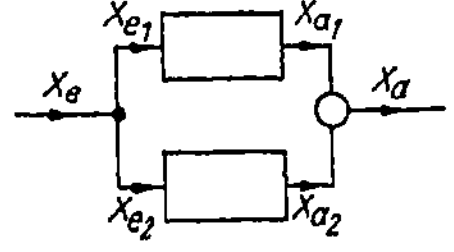

Parallelsignal parallel signal
параллельный сигнал

Ein Parallelsignal ist eine Erscheinungsform des mehrstelligen ↑*diskreten Signals* (digitalen Signals), bei dem die einzelnen *Informationsparameter* gleichzeitig auf verschiedenen Übertragungsleitungen bereitstehen.

Das Gegenstück zum Parallelsignal ist das ↑*Seriensignal.*

Paritätsprüfung check of parity
контроль паритета
↑*Fehlererkennung.*

Passives Glied passive element
пассивный элемент

Ein passives Glied ist ein ↑*Bauglied*, dem zusätzlich zu der in den zu verarbeitenden Signalen enthaltenen Energie keine weitere Hilfsenergie zugeführt wird. Gegenteil: ↑*aktives Glied.*

PFM *s.* Pulsfrequenzmodulation
↑*Pulsfrequenzmodulation.*

Phasenebene phase plan
фазовая плоскость

Die Darstellung von *nichtlinearen Regelungen* in der *Phasenebene* liefert für Regelvorgänge, die sich durch Differentialgleichungen 2. Ordnung darstellen lassen, exakte Ergebnisse.

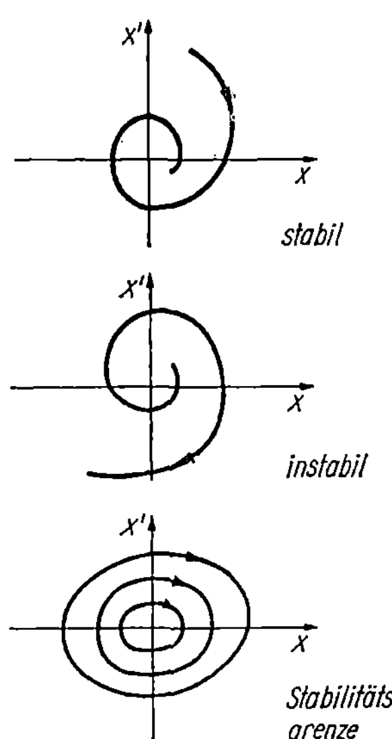

Unter Phasenebene wird eine Darstellung des Regelvorgangs im $x - x'$-Diagramm verstanden, wobei x' die zeitliche Ableitung dx/dt der Regelgröße x angibt.
Trägt man in der Phasenebene die Steigungen dx'/dx ein, so erhält man nach Verbinden der einzelnen Tangentenrichtungen eine Zustandskurve des Regelvorgangs.
Im Bild sind die drei Zustände stabil, instabil und die Stabilitätsgrenze in dem x, x'-Koordinatensystem (Phasenebene) dargestellt.

Phasengang   phase response
фазовая характеристика
↑*Frequenzgang.*

Phasenkennlinie   phase curve
фазовая характеристика
↑*Frequenzkennlinie.*

Phasenminimumsystem
система минимума фаз
Phasenminimumsysteme haben den kleinstmöglichen Betrag an Phasenverschiebung zwischen Eingangs- und Ausgangsgröße bei einer gegebenen Anzahl von Energiespeichern.
Nicht zu den Phasenminimumsystemen gehören instabile Systeme und Systeme mit ↑*Totzeit*, da sich bei diesen Systemen die Phase ändern kann, ohne daß sich der Betrag ändert.

Phasenmodulation   phase modulation
фазовая модуляция
Bei ↑*Signalen* mit periodisch schwankender Amplitude des ↑*Signalträgers*, bei denen der ↑*Informationsparameter* durch die Phasenlage dieses Signals gegeben ist, bezeichnet man die umkehrbar eindeutige Zuordnung zwischen den zu signalisierenden Informationen und den Werten der Phasenverschiebung als Phasenmodulation *(↑Modulation)*. Man spricht dann von phasenmodulierten Signalen.

Phasenrand   phase margin
запас по фазе, избыток фазы
↑*Frequenzkennlinie.*

P-, I-, PI-, PD- und PID-ähnliche Glieder
Ein Glied, dessen Übergangsfunktion ähnlich der eines PID-Gliedes ist, heißt PID-ähnliches Glied.
Die Reihenschaltung eines Dreipunktglieds mit einem I-Glied wird ↑*Zweilaufglied* genannt.

Zweilaufglieder ohne und mit geeigneten Rückführungen sind P-, I-, PI-, PD- oder *PID-ähnliche Glieder.*
P-, I-, PI-, PD- oder PID-ähnliche Glieder sind ↑*nichtlineare Glieder.*
Ein Beispiel wird unter ↑*Zweilaufglied* im Bild gezeigt.

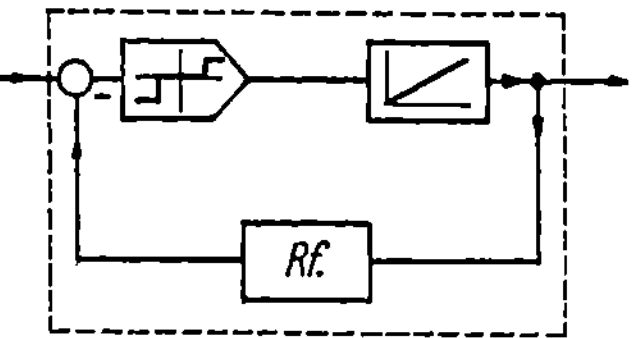

PLM *s.* Pulslängenmodulation
↑*Pulslängenmodulation.*

Positive Rückführung   positive feedback
положительная обратная связь
Eine positive Rückführung wird auch Mitkopplung genannt *(↑Rückführschaltung).*

Positioner   positioner
позиционер
Einrichtung, die zusammen mit dem Stellantrieb gewährleistet, daß eine bestimmte Stellung des Stellantriebs erreicht und gehalten wird, die der Stellgröße proportional ist. Damit werden gleichzeitig Schwankungen der Stellhilfsenergie und der Stellgliedbelastung ausgeglichen. Bezeichnung auch als Stellungsmacher oder Stellungsregler.

PPM *s.* Pulsphasenmodulation
↑*Pulsphasenmodulation.*

Prädiktor   predictor
предсказывающее устройство
Eine Einrichtung, ein ↑*Modell* oder auch ein ↑*Algorithmus*, mit denen Aussagen über den künftigen wahrscheinlichen Verlauf einer Zeitfunktion gewonnen werden können, wird Prädiktor genannt. Die betrachtete Zeitfunktion muß in einem endlichen Intervall ihrer Vergangenheit mindestens zu gewissen Tastpunkten bekannt sein. Als weitere Voraussetzung ist erforderlich, daß zur Zeitfunktion ein amplituden- und frequenzseitig begrenztes Leistungsspektrum gehört bzw. eine ausgeprägte Autokorrelationsfunktion existiert. Die Aussagewahrscheinlichkeit tendiert mit wachsender Vorhersagezeit in Abhängigkeit vom verwendeten Algorithmus und der ver-

fügbaren Informationsmenge gegen Null. Stochastische Zeitfunktionen sind in diesem Sinn nicht prädizierbar.

Produktionskontrollanlage (PKA, PKE)
контрольная установка производства

Eine PKA ist eine technische Einrichtung zur permanenten und simultanen Abbildung des diskontinuierlichen Produktionsprozesses an einer zentralen Stelle zum Zweck der Beeinflussung des Prozesses. PKA dienen somit zur Mechanisierung und Automatisierung des Überwachens und Disponierens von Haupt- und Hilfsprozessen. Zu diesem Zweck werden automatisch Prozeßdaten (Stückzahlen, Maschinenstillstandszeiten, Kennziffern und kontinuierlich anfallende Werte, wie Druck, Temperatur u.a.m.) erfaßt und über anzeigende und registrierende Geräte ausgegeben, die eine weitere Verarbeitung mit Hilfe einer Datenverarbeitungsanlage gewährleisten. Auf Grund der übermittelten Prozeßzustände ist eine Beeinflussung des Prozesses möglich. PKA sind im allgemeinen universell für alle Arten von Stückgutprozessen einsetzbar.

Programm   program
программа

Eindeutige Anweisung (↑*Algorithmus*) für die Lösung einer Klasse von Aufgaben, insbesondere für die Lösung von mathematisch formulierten Aufgaben, z.B.

    Programme für Rechenanlagen
    Programme für automatische Steuerungen

Das Programm kann in schriftlicher Form als Arbeitsanweisung, als Steckerfeld (z.B. Analogrechnern), als Lochstreifen (z.B. bei Digitalrechnern) oder numerischen Steuerungen oder als Kurvenscheibe bei einfachen Zeitplanregelungen vorliegen.

Programmregelung   program control
программное регулирование

Regelung, bei der die ↑*Führungsgröße* nach einem Programm geändert wird.

Programmsteuerung   program control
программное управление

Programmsteuerungen können je nach Art des Programms ↑*Ablaufsteuerungen*, ↑*Zeitplansteuerungen* oder Kombinationen davon sein. Ist der Programmablauf von bestimmten Zuständen des gesteuerten Prozesses abhängig,

so werden sie als *Ablaufsteuerungen* bezeichnet. Läuft das Programm nach einem Zeitplan ab, so spricht man von *Zeitplansteuerungen*.

Proportionalbereich   proportional band
зона пропорциональности

Der *Proportionalbereich* (P-Bereich) X_p ist der Arbeitsbereich einer ↑*P-Regeleinrichtung*.

Proportionaler Übertragungsfaktor
    proportional transfer factor
пропорциональный коэффициент передачи
↑*Übertragungsfaktor*.

Proportionalregeleinrichtung   P-controler
пропорциональный регулятор, П-регулятор

Eine Proportionalregeleinrichtung (P-Regeleinrichtung) gibt im stationären Zustand ein Ausgangssignal ab, das dem Eingangssignal proportional ist. Die Gleichung der Kennlinie einer P-Regeleinrichtung lautet:

$$y = K(x - w);$$

y Stellgröße
x Regelgröße
w Führungsgröße
K Übertragungsfaktor

Das Arbeitsverhalten einer P-Regeleinrichtung ist aus der idealisierten Kennlinie einer P-Regeleinrichtung erkennbar (Bild).

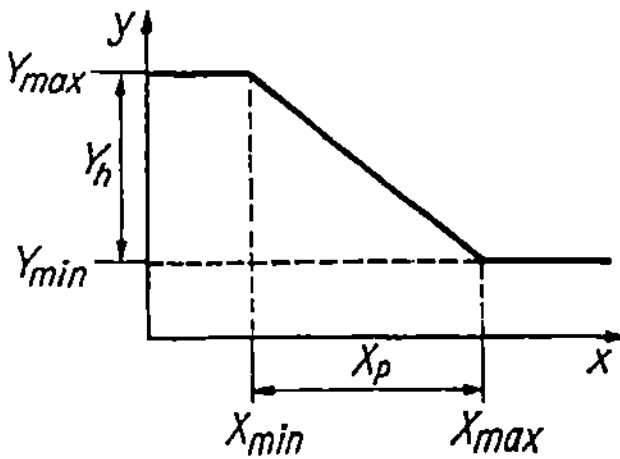

Typische Kenngrößen sind dabei der Proportionalbereich X_p (P-Bereich) und der *Stellbereich* Y_h.
Der *P-Bereich* ist der Bereich, um den sich die Regelgröße oder ihr Signal ändern muß, um die Stellgröße über den *Stellbereich* Y_h zu ändern.
Der *Stellbereich* Y_h ist derjenige Bereich, in dem sich die *Stellgröße* im jeweiligen Fall ändern kann.

50

Die prinzipiellen Grenzen des Stellbereichs
sind durch die Anschläge des Stellgliedes gegeben.

Prozeß   process
процесс

Die Gesamtheit der dynamischen oder logischen Veränderungen von Zustandsgrößen
eines Systems, unter dem Einfluß äußerer
Wirkungen, wird Prozeß genannt. Bei technischen Prozessen handelt es sich um die ge-
setzmäßige Überführung eines Systems von
einem Anfangszustand in einen neuen Zustand. Die interessierenden Zustandsgrößen
müssen dazu direkt oder indirekt meßbar sein.
Bei bewußt vollzogenen Prozessen dient der
Übergang von Zustandsgrößen einer Zielstellung, die im Rahmen von Randbedin-
gungen angestrebt wird. Dabei kann die
Effektivität des Prozesses an einem zu defi-
nierenden Gütekriterium gewertet werden.

Prozeßrechner process(-control) computer
вычислительное устройство процессов
(besser Prozeßrechenanlage)
Ein programmierbarer Digitalrechner, der
im Echtzeitbetrieb Prozeßdaten (Prozeßmeß-
werte, Prozeßzustandsmeldungen und Kennzeichen) im prozeßgekoppelten Betrieb selb-
ständig erfassen und verarbeiten und gegebenenfalls errechnete Steuerwerte für die
Prozeßführung ausgeben kann.
Gerätetechnisch bestehen Prozeßrechenanlagen aus drei Einheiten (s. Bild):

 Meßwerterfassungseinheit
 Meßwertverarbeitungseinheit (Zentralein-
 heit)
 Steuerwertausgabeeinheit

Die Meßwerterfassungseinheit dient dazu, die
unterschiedlichsten Prozeßdaten zu erfassen
und zenral in einem einheitlichen Kode der
Meßwertverarbeitungseinheit zur Verfügung
zu stellen. Nach vorgegebenen und program-
mierten Algorithmen berechnet die Meßwertverarbeitungseinheit (Digitalrechner) Kennziffern bzw. Steuerwerte zur Beeinflussung

des Prozesses. Die Steuerwertausgabe sorgt
dafür, daß die ↑*Stellsignale* in geeigneter Form
den Stelleinrichtungen zugeführt werden.
Prozeßrechenanlagen dienen zur ↑*Prozeßsteuerung.*

Prozeßsteuerung   process control
управление процессом
Unter Prozeßsteuerung wird die Technik der
Führung industrieller Prozesse durch ↑*Prozeßrechner* bei unmittelbarer Einwirkung auf
den Prozeß verstanden. Dabei werden im allgemeinen die Prozeßinformationen im prozeßgekoppelten Betrieb erfaßt und durch entsprechende Algorithmen über das Verarbei-
tungsprogramm auf den Prozeß zur Auswir-
kung gebracht.
Die Prozeßsteuerung läßt sich in drei Stufen
ordnen:

a) Meßwerterfassung
 Analoge oder digitale Informationen werden vom Prozeßrechner erfaßt, wobei es
 für den Prozeßrechner völlig uninteressant
 ist, welchen Ursprung die Informationen
 haben. Mit der automatischen Meßwerterfassung werden der Zentraleinheit die erfaßten Informationen verarbeitungsgerecht
 mitgeteilt.

b) Meßwertverarbeitung
 Hierunter werden alle Operationen ver-
 standen, die durch Überwachungs- und
 Verarbeitungsprogramme ausgelöst wer-
 den und sich auf die im Zentralspeicher auf-
 bereiteten Prozeßinformationen auswirken,
 so z. B.
 Dimensionierung und Korrektur der Meß-
 werte
 Grenzwert- und Tendenzüberwachung
 Kennziffernberechnung
 Verdichtung von Daten und Ausgabe für
 Weiterverarbeitung auf übergeordneten
 EDVA
 Journaldruck

c) Prozeßbeeinflussung
 Hierunter fallen all die Aufgaben, die eine
 mittelbare oder unmittelbare Beeinflussung
 der Prozeßfahrweise bewirken.

Die Beeinflussung ist möglich durch:
Programmsteuerung, wobei das Programm
zeit- und/oder prozeßabhängig ablaufen
kann
optimale Prozeßführung, die Führungs-
werte werden nach speziellen Optimierungs-
vorschriften ermittelt
direkte Regelung und Steuerung,
wobei die Prozeßführung durch
1. Ausgabe von Sollwerten und Kennziffern
2. Ausgabe von Stellinformationen
erfolgen kann.

Prüfbit   parity (check) bit
контрольный бит

Ein Prüfbit ist ein Zeichen in einem binären
↑*Kodewort*, das ausschließlich der ↑*Fehlererkennung* oder der ↑*Fehlerkorrektur* dient,
ohne an der eigentlichen Informationsdarstellung beteiligt zu sein. Durch ein Prüfbit wird
in das Kodewort systematisch ↑*Redundanz*
eingefügt.

Pulsamplitudenmodulation (PAM)
pulse amplitude modulation
амплитудно-импульсная   модуляция
(АИМ)

Bei ↑*Signalen*, die durch eine (meist zeitliche
äquidistante) Folge von Signalträgeramplituden gegeben sind und bei denen die *Amplitude* dieses Impuls den ↑*Informationsparameter*
darstellt, bezeichnet man die umkehrbar eindeutige Zuordnung zwischen den zu signalisierenden Informationen und den Werten der
Impulsamplitude als Pulsamplitudenmodulation (↑*Modulation*). Man spricht dann von
pulsamplitudenmodulierten Signalen.

Pulsbreitenmodulation
↑*Pulslängenmodulation.*

Pulsfrequenzmodulation (PFM)
pulse frequency modulation
модуляция частоты импульсов (ЧИМ)

Bei ↑*Signalen*, die durch eine Folge von Signal-
trägerimpulsen (meist konstanter Amplitude
und Länge) gegeben sind und bei denen die
Frequenz der Impulsfolge den ↑*Informationsparameter* darstellt, bezeichnet man die umkehrbar eindeutige Zuordnung zwischen den
zu signalisierenden Informationen und den
Werten der Impulsfolgefrequenz als Pulsfrequenzmodulation *(↑Modulation).* Man

52

spricht dann von pulsfrequenzmodulierten
Signalen.

Pulslängenmodulation (PLM)
pulse-length modulation
импульсная модуляция по длитель-
ности (ДИМ)

Bei ↑*Signalen*, die durch eine Folge von Signal-
trägerimpulsen *(↑Signalträger)* gegeben sind
und bei denen die Dauer (Länge, Breite) der
einzelnen Impulse als ↑*Informationsparameter*
verwendet wird, bezeichnet man die umkehrbar eindeutige Zuordnung zwischen den zu
signalisierenden Informationen und den Werten der Impulslänge als Pulslängenmodulation *(↑Modulation).*
Man spricht dann von pulslängenmodulierten
Signalen.

Pulsphasenmodulation
pulse-phase modulation
фазовая импульсная модуляция

Bei ↑*Signalen*, die durch eine Folge von Signal-
trägerimpulsen (meist konstanter Amplitude
und Länge) gegeben sind und bei denen die
Phasenlage der einzelnen Impulse bezüglich
eines festen Grundtaktes den ↑*Informationsparameter* darstellt, bezeichnet man die umkehrbar eindeutige Zuordnung zwischen den
zu signalisierenden Informationen und den
Werten der Phasenverschiebung als Pulsphasenmodulation *(↑Modulation).*
Man spricht dann von pulsphasenmodulierten
Signalen.

Q

Quantisierungsfehler   error of quantization
погрешность квантования
↑*Diskretes Signal.*

R

Rampenfunktion   ramp function
пилообразная ступенчатая функция

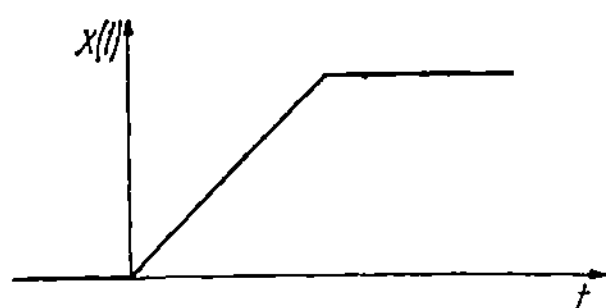

Der im Bild dargestellte Zeitverlauf wird Rampenfunktion genannt.

Rechenglied computing element
решающий элемент

Rechenglieder sind †*Bauglieder*, die Rechenoperationen, wie Addition, Subtraktion, Multiplikation und Division, zweier oder mehrerer Eingangsgrößen und/oder Rechenoperationen an einer Eingangsgröße, wie Radizieren, Potenzieren, Differenzieren, Integrieren, Verzögern, ausführen.
Je nach den zu verarbeitenden Signalen werden Rechenglieder als analoge oder digitale Rechenglieder bezeichnet.

Redundanz redundancy
избыточность

Ein †*Kode* heißt redundanzfrei, wenn die Anzahl der durch den Signalvorrat eines †*digitalen Signals* gegebenen möglichen †*Kodewörter* gleich der Anzahl der von diesem Signal zu signalisierenden Informationen ist. Bei einem redundanzfreien Kode enthalten also †*Signalvorrat* und †*Informationsvorrat* gleich viele Elemente *(†Kode)*. In diesem Fall muß jedem Kodewort des Signalvorrats eine bestimmte Bedeutung zugewiesen werden.
Redundante Kodes sind dagegen dadurch gekennzeichnet, daß der Signalvorrat umfassender ist als der Informationsvorrat. Da jeder Kode eine umkehrbar eindeutige Zuordnung zwischen den Kodewörtern des Signalvorrats und den zu signalisierenden Informationen des Informationsvorrats vermittelt, bleiben bei einem redundanten Kode also bestimmte Kodewörter ohne Bedeutung. Die Redundanz eines Kodes kann durch folgende dimensionslose Größe gemessen werden:

$$R = \frac{\text{Anzahl der Pseudokodewörter}}{\text{Gesamtzahl der Kodewörter}}$$

Es gilt $0 \leqq R < 1$.
Durch geschickte Festlegung dieser sog. Pseudokodewörter ergibt sich die Möglichkeit, Kodes zu entwerfen, die in gewissen Grenzen die automatische *Erkennung* oder sogar die automatische *Korrektur* von Fehlern bei der Übertragung dieser Kodewörter gestatten.
Grundlegend für †*Binärkodes* zur Fehlererkennung bzw. zur Fehlerkorrektur ist der Begriff des †*Kodewortabstands*. Unter dem Kodewortabstand zweier gleich langer Kodewörter in einem Binärkode versteht man die

Anzahl der †*Bits*, in denen sich diese beiden Kodewörter unterscheiden. Offenbar muß der Abstand zweier verschiedener Kodewörter stets *mindestens* gleich 1 sein.
Kommen unter den mit einer Bedeutung versehenen Kodewörtern solche vor, die voneinander den Abstand 1 haben, so ist offenbar eine systematische Fehlererkennung nicht möglich, da die fehlerhafte Übertragung eines Bits bereits zu einem Kodewort mit anderer Bedeutung führen kann.
Ist dagegen gewährleistet, daß je zwei mit verschiedener Bedeutung versehene Kodewörter *mindestens* den Abstand 2 voneinander haben, so kann die fehlerhafte Übertragung *eines* einzelnen Bits automatisch *erkannt* werden. Die Verstümmelung eines Bits hat nämlich mit Sicherheit das Entstehen eines Pseudokodewortes zur Folge, da das „nächstliegende" mit einer Bedeutung versehene Kodewort vom ursprünglichen den Abstand 2 hat.
Bei einem derartigen Vorgehen sind genauso viele bedeutungtragende Kodewörter wie Pseudokodewörter notwendig. Die Redundanz aller Kodes mit dem Mindestabstand 2 zwischen je zwei bedeutungtragenden Kodewörtern beträgt also unabhängig von der Länge der Kodewörter $R = 0{,}5$.
Das geschilderte Vorgehen wird in Form der Kodes mit †*Prüfbit* sehr häufig angewendet. Bild a zeigt die Verschlüsselung der Zahlen 0 bis 15 durch fünfstellige Kodewörter. Die linken vier Bits jedes Kodewortes stellen die zu

Kodewort				P	Wert
8	4	2	1		
O	O	O	O	L	0
O	O	O	L	O	1
O	O	L	O	O	2
O	O	L	L	L	3
O	L	O	O	O	4
O	L	O	L	L	5
O	L	L	O	L	6
O	L	L	L	O	7
L	O	O	O	O	8
L	O	O	L	L	9
L	O	L	O	L	10
L	O	L	L	O	11
L	L	O	O	L	12
L	L	O	L	O	13
L	L	L	O	O	14
L	L	L	L	L	15

a)

verschlüsselnde Zahl im ↑*Dualkode* dar. Das *Prüfbit P* ist in jedem Kodewort so belegt, daß die Gesamtzahl der mit L belegten Bits jedes Kodewortes *ungerade* wird. Dadurch ist erreicht, daß je zwei dieser fünfstelligen Kodewörter den Mindestabstand 2 haben. Die Verstümmelung genau eines Bits führt daher zwangsläufig auf ein Pseudokodewort. Jedes Pseudokodewort hat die technisch leicht prüfbare Eigenschaft, daß die Gesamtzahl der L-Werte in einem Kodewort *geradzahlig* ist. Selbstverständlich ist das Prüfbit in diese Kontrolle eingeschlossen.

Sollen zwei oder noch mehr fehlerhafte Einzelbitübertragungen innerhalb eines Kodeworts mit Sicherheit erkannt werden, so muß der Mindestabstand zwischen je zwei bedeutungtragenden Kodewörtern und damit die Redundanz R weiter vergrößert werden. Beträgt der Mindestabstand zwischen je zwei Kodewörtern mit Bedeutung 3, so können bis zu zwei fehlerhafte Bitübertragungen je Kodewort erkannt werden.

Der Mindestabstand 3 zwischen je zwei bedeutungtragenden Kodewörtern kann jedoch auch dazu ausgenutzt werden, um *eine* fehlerhafte Bitübertragung automatisch zu *korrigieren*. Vorbedingungen für einen fehlerkorrigierenden Kode sind erstens das *Erkennen* des Fehlers und zweitens die *Lokalisierung* dieses Fehlers. Ist eine Einzelbitverstümmelung erkannt und lokalisiert, so kann der Fehler durch Vertauschen von O und L der gefundenen Kodewortstelle behoben werden. Bild b zeigt einen Kode, der die Erkennung und Lokalisierung *eines* einzelnen Fehlers je Kodewort gestattet.

In den durch die Bewertungszahlen 1, 2, 4 bzw. 8 gekennzeichneten Kodewortstellen werden die Zahlen 0 bis 15 im ↑*Dualkode* verschlüsselt. Das Prüfbit P_3 ist stets so belegt, daß in den durch 1, 2, 4 und P_3 bezeichneten Bits die Summe der L-Werte *geradzahlig* ist. In gleicher Weise sorgt P_2 für die Geradzahligkeit der L-Werte in den durch 1, 2, 8 und P_2 gekennzeichneten Bits. P_1 schließlich spielt dieselbe Rolle für die durch 1, 4, 8 und P_1 bezeichneten Bits. Die Überprüfung der Richtigkeit eines Kodeworts kann nun folgendermaßen vorgenommen werden:

1. a) Überprüfung der Tetrade 1–2–4–P_3 auf Geradzahligkeit der L-Werte
   b) Überprüfung der Tetrade 1–2–8–P_2 auf Geradzahligkeit der L-Werte
   c) Überprüfung der Tetrade 1–4–8–P_1 auf Geradzahligkeit der L-Werte
2. Die Ergebnisse der Überprüfungen in Punkt (1) werden mit O bezeichnet, wenn sie die Geradzahligkeit bestätigten. Sie werden mit L bezeichnet, wenn sich Ungeradzahligkeit ergab.
3. Die drei Ergebnisse werden (ausgedrückt durch L bzw. O) in der Reihenfolge von links nach rechts aufgeschrieben. Das so entstehende dreistellige Binärkodewort wird als Kodewort im ↑*Dualkode* aufgefaßt.
4. Ist die dargestellte Zahl gleich Null (alle Tests positiv), so liegt kein von dieser Methode erfaßbarer Übertragungsfehler vor (insbesondere keine Einzelbitverstümmelung).
5. Ist die dargestellte Zahl größer als O, so liegt ein Übertragungsfehler vor. Unter der Voraussetzung, daß dies eine Einzelbitverstümmelung ist, gibt die dargestellte Zahl an, das wievielte Bit (von links gerechnet) fehlerhaft ist.

Beispiel: Die fehlerlose Kodierung der Zahl 7 hat folgendermaßen zu erfolgen:

P_1	P_2	8	P_3	4	2	1
O	O	O	L	L	L	L

Wird bei einer Übertragung das zweite Bit von rechts als einziges verstümmelt, so ergibt sich:

O   O   O   L   L   O   L

Die Geradlinigkeitsüberprüfung gemäß (1 a) bis (1 c) ergibt das Kodewort L L O ≙ 6. Es liegt also ein Fehler vor, und wenn es eine

P_1	P_2	8	P_3	4	2	1	Wert
O	O	O	O	O	O	O	0
L	L	O	L	O	O	L	1
O	L	O	L	O	L	O	2
L	O	O	O	O	L	L	3
L	O	O	L	L	O	O	4
O	L	O	O	L	O	L	5
L	L	O	O	L	L	O	6
O	O	O	L	L	L	L	7
L	L	L	O	O	O	O	8
O	O	L	L	O	O	L	9
L	O	L	L	O	L	O	10
O	L	L	O	O	L	L	11
O	L	L	L	L	O	O	12
L	O	L	O	L	O	L	13
O	O	L	O	L	L	O	14
L	L	L	L	L	L	L	15

b)

Einzelbitverstümmelung ist, dann betrifft sie das 6. Bit von links, also genau das, was vorher verstümmelt wurde.

Regelabweichung control deviation
отклонение регулируемой величины

Die *Regelabweichung* x_w ist die Abweichung des ↑*Istwerts der Regelgröße* x vom Istwert der *Führungsgröße* w.

$$x_w = x - w$$

Bei ↑*Festwertregelungen* ist daher die *Regelabweichung* die Abweichung des Istwertes der *Regelgröße* x von ihrem *Sollwert* X_s

$$x_w = x - X_s.$$

Jede ↑*Regeleinrichtung* arbeitet mit dem Ziel, das Signal der Regelabweichung möglichst klein zu halten, $x_w \rightarrow 0$.

Regelanlage automatic control system
регулирующая установка, установка регулирования

Die *Regel- oder Steueranlage* besteht aus der Einrichtung und den dazu zusätzlich gehörenden Geräten und Anlagenteilen, wie Anzeige- und Registriergeräte für die regelungs- und steuerungstechnischen Größen, die Bedienungselemente, wie Bedienungsschalter usw., die Aufbauelemente, wie Pulte, Schränke, Gestelle usw., Hilfsaggregate, wie Hilfsenergieversorgung, Spannungskonstanthalter usw. Eine Regel- oder Steueranlage kann mehrere Einrichtungen enthalten. .

Regelbereich control (operating) range
диапазон (пределы) регулирования

Bereich, in dem sich die ↑*Regelgröße* x sinnvoll ändern kann.

Regeleinrichtung control equipment
регулирующее устройство

Die *Steuer-* oder *Regeleinrichtung* ist die zusammenfassende Benennung für die *Bauglieder* im *Wirkungsweg*, die zur aufgabengemäßen Beeinflussung der *Steuer-* oder *Regelstrecke* über das *Stellglied* dienen.
Es werden nur die unmittelbar am Steuer- oder Regelvorgang beteiligten Bauglieder, wie Einrichtungen zum Messen *(↑Meßeinrichtung)*, ↑*Wandler*, *Vergleicher*, ↑*Stellantriebe*, ↑*Regler*, Programmgeber usw., zur Regel- oder Steuereinrichtung gehörig betrachtet. Mittelbar mit der Einrichtung zusammenwirkende Bauglie-

der und Anlagenteile, wie Anzeige- und Registriergeräte für die regelungs- und steuerungstechnischen Größen, die Bedienungselemente, wie Bedienungsschalter (z.B. Steuerquittungsschalter) usw., die Aufbauelemente, wie Pulte, Schränke, Gestelle usw., Hilfsaggregate, wie Hilfsenergieversorgung, Spannungskonstanthalter usw., gehören nicht zur Einrichtung.
Zur Regel- oder Steuereinrichtung gehören auch der *Stellantrieb* und der *Regler*.
Der *Stellantrieb* betätigt das Stellglied, sofern es mechanisch betätigt wird.
Ein Gerät, das der Regeleinrichtung angehört, kann als *Regler* bezeichnet werden, wenn es die wesentliche Verarbeitung des Signals der Regelabweichung durchführt.
Beispiele: Strahlrohrregler, pneumatischer PID-Regler, Fallbügelregler usw.

Regelfaktor control factor
коэффициент регулирования

Der Regelfaktor

$$R = \frac{X_B \text{ mit Regler}}{X_B \text{ ohne Regler}} = \frac{1}{1 + V_0}$$

gibt das Verhältnis der ↑*bleibenden Regelabweichung* X_B mit und ohne Regler an und läßt sich aus der ↑*Kreisverstärkung* V_0 berechnen.
Mit Hilfe des Regelfaktors lassen sich bestimmte Abschätzungen über die statische Güte von Regelkreisen angeben. Kleine Regelfaktoren bedeuten wesentliche Verbesserung des Verhaltens gegenüber der Situation ohne Regler [3].

Regelfläche control area
площадь регулирования
↑*Gütekriterien.* [3] [12].

Regelgröße controlled condition
регулируемая величина

Zu regelnde physikalische Größe in einem ↑*Regelkreis.*

Regelkreis control loop
контур (цепь) регулирования

Das *Regeln* – die *Regelung* – ist ein technischer Vorgang in einem abgegrenzten System, bei dem eine technische oder physikalische Größe – die zu regelnde Größe *(↑Regelgröße)* – fortlaufend erfaßt und durch Vergleich ihres ↑*Signals* mit dem Signal einer anderen Größe (Führungsgröße) im Sinn einer Angleichung

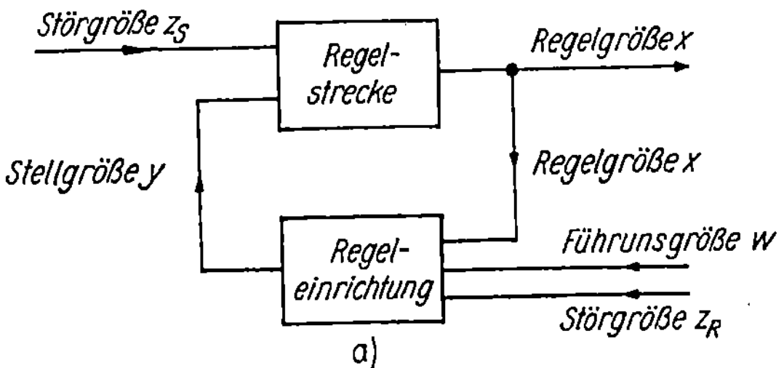

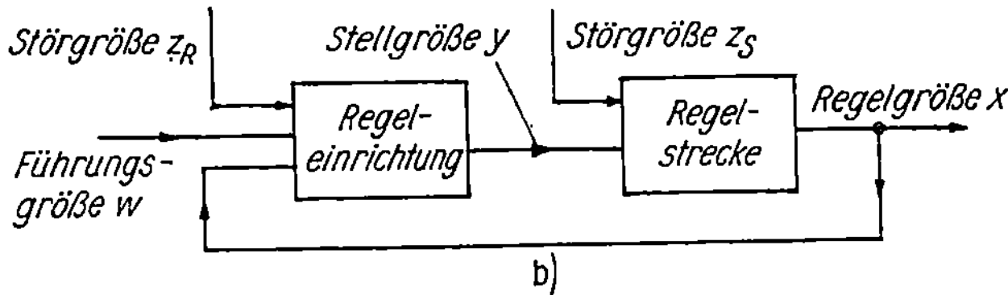

an deren Signal beeinflußt wird. Der hierzu notwendige ↑*Wirkungsablauf* vollzieht sich in einem geschlossenen Kreis, dem *Regelkreis.*
Innerhalb des Regelkreises wird stets gemessen, verglichen und gestellt.
Fortlaufend im Sinn der angegebenen Definition des Regelns ist jeder Vorgang, der sich aus einer für die jeweilige Regelung hinreichend häufigen Wiederholung gleichartiger Einzelvorgänge zusammensetzt, z.B. ↑*Abtastregelungen,* ↑*Zweipunktregelungen.*
Der Regelkreis wird unterteilt in ↑*Regelstrecke* und ↑*Regeleinrichtung.*
Im Bild werden zwei mögliche Darstellungen des Regelkreises gezeigt.
Eingangssignale der Regelstrecke sind ↑*Stellgrößen* und solche ↑*Störgrößen,* die an dieser Strecke angreifen.
Ausgangssignale der Regelstrecke sind die Regelgröße, die gleichzeitig ein ↑*Eingangssignal* der Regeleinrichtung ist, und gegebenenfalls gewisse Hilfsgrößen.
Weitere Eingangssignale der Regeleinrichtung sind die ↑*Führungsgrößen* sowie solche Störgrößen, die an dieser Regeleinrichtung angreifen, und gegebenenfalls gewisse Hilfsgrößen [3] [19] [20] [21] [20].

Regellose Größe variable
статическая величина

Eine Variable, deren Wert vom Zufall abhängt, für die aber eine Wahrscheinlichkeitsfunktion existiert.

Diese Definition führte oft dazu, den Begriff regellose Größe in der Regelungstechnik für nicht determinierte Funktionen zu verwenden. Bei Zeitvariablen ist es angebrachter, von stochastischen Größen (↑*stochastischen Störungen)* zu sprechen [29].

Regeln control
регулировать
↑*Regelkreis.*

Regelstrecke controlled system
объект регулирования

Die *Steuer-* oder *Regelstrecke* ist innerhalb der Gesamtheit der Glieder einer Steuerung oder Regelung die zusammenfassende Benennung für denjenigen Teil des ↑*Wirkungswegs,* dem die aufgabengemäß zu beeinflussenden ↑*Glieder* oder der aufgabengemäß zu beeinflussende Teil einer Anlage angehören. Dabei ist das ↑*Stellglied* derjenige Teil einer Steuer- oder Regelstrecke, mit dessen Hilfe zum Zweck der aufgabengemäßen Beeinflussung einer Größe unmittelbar in einem Massenfluß oder Energiestrom eingegriffen wird. Dieser Vorgang wird als *Stellen* bezeichnet.
Die gleiche Anlage oder ein und derselbe Teil der Anlage kann verschiedene Steuer- oder Regelstrecken enthalten, wenn verschiedene Größen in dieser Anlage oder in diesem An-

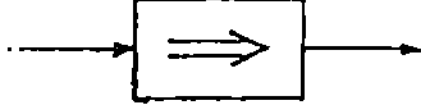

lagenteil gesteuert oder geregelt werden (Symbol s. Bild). ↑*Regelkreis.*

Regelung control

регулирование, система регулирования

↑*Regelkreis.*

Regelungsaufgabe

feedback control problem

задание регулирования

In der *Regelungsaufgabe* wird formuliert, welche Aufgabe gelöst werden soll, d.h. insbesondere, welche Forderungen an die ↑*Aufgabengröße* gestellt werden. Die Lösung dieser Aufgabe stellt die Regelung dar. Es sind ↑*Regelgröße*, ↑*Meßort*, ↑*Stellgröße* und ↑*Stellort* zu vereinbaren sowie eine geeignete Regeleinrichtung auszuwählen.

Beispiel:

Aufgabe: Die Temperatur in einem gasbeheizten Glühofen soll trotz Wechsels der Beschickung und trotz veränderlichen Druckes in der Gaszuleitung sowie schwankenden Heizwerts auf einem vorgegebenen Wert gehalten werden.

Regelung: Die Temperatur des Glühofens (Regelgröße) wird an einer vereinbarten Stelle des Ofens (Meßort) erfaßt, ihr Signal mit dem des Sollwerts verglichen und über ein Ventil an einer vereinbarten Stelle der Gaszuleitung (Stellort) die Gaszufuhr in Abhängigkeit von der Regelabweichung automatisch so eingestellt, daß stets der Istwert an den Sollwert angeglichen wird. Die Stellgröße sei nach Vereinbarung der Hub des Ventils in mm. Als Regeleinrichtung wird ein PI-ähnliches System eingesetzt. Das Ziel dieser Regelung ist es, die Ofentemperatur weitgehend konstant unabhängig von den Störgrößen (veränderliche Beschickung, Druckschwankungen in der Zuleitung, Heizwertschwankungen usw.) zu halten.

Regler automatic controller, regulator

регулятор

↑*Regeleinrichtung.*

Reihenschaltung series connection

последовательная (сериесная) схема

Bei der *Reihenschaltung* zweier *Übertragungsglieder* wird das Ausgangssignal des ersten ↑*Gliedes* dem zweiten Glied als ↑*Eingangssignal* zugeleitet.

Eine Reihenschaltung, die auch *Serienschaltung* genannt wird, ist im Bild dargestellt; es gilt folgende Gleichung:

$$x_{a1} = x_{e2}$$

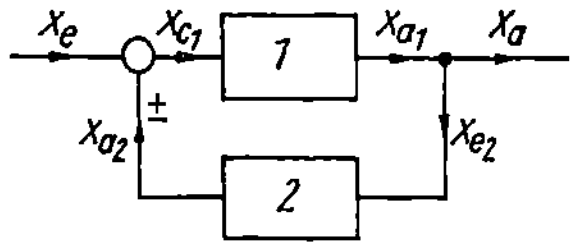

Rückführschaltung feedback circuit

схема обратной связи

Bei der Rückführschaltung zweier *Glieder* wird die Differenz oder die Summe von Eingangs- und *Rückführsignal* dem *Vorwärtszweig* (1) zugeleitet. Das ↑*Ausgangssignal* des Vorwärtsglieds erzeugt über den *Rückführzweig* (2) das *Rückführsignal* (Bild).

Es gelten folgende Gleichungen:

1. $x_{e1} = x_e(\pm) x_{a2}$
2. $x_a = x_{a1} = x_{e2}$

Im Fall der Differenzbildung spricht man von *negativer Rückführung (Gegenkopplung)* und im Falle der Summenbildung von *positiver Rückführung* (Mitkopplung).

Wenn Mißverständnisse ausgeschlossen sind, kann statt negativer Rückführung kurz *Rückführung* verwendet werden.

Die Rückführschaltung ist eine Grundschaltung der Regelungstechnik. Durch verschiedene Übertragungsglieder im *Vorwärtszweig* bzw. im *Rückführzweig* lassen sich Übertragungsglieder mit unterschiedlichem Übertragungsverhalten aufbauen.

Rückführsignal feedback signal

сигнал обратной связи

↑*Rückführschaltung.*

Rückführzweig feedback

плечо обратной связи

↑*Rückführschaltung.*

Rückwärtsregelung

backward-acting control

обратное регулирование

Veralteter Begriff für den Regelungsvorgang im geschlossenen Regelkreis. Der Begriff der

Rückwärtsregelung wird im Gegensatz zum Begriff der ↑*Vorwärtsregelung* verwendet.

Rückwirkungsfreiheit   absence of feedback
однонаправленность

↑*Glieder* von Steuerungen und Regelungen, die die Eigenschaft haben, daß die Ausgangssignale keine Rückwirkungen auf die Eingangssignale aufweisen, werden als rückwirkungsfrei bezeichnet.
↑*Übertragungsglieder* sind stets so abzugrenzen, daß sie als rückwirkungsfrei betrachtet werden können. ↑*Bauglieder* können Rückwirkungen der Ausgangssignale auf die Eingangssignale aufweisen. In solchen Fällen ist als ↑*Wirkungsrichtung* die Richtung der *beabsichtigten* Wirkung (d.h. die Richtung vom Eingang zum Ausgang) anzusehen [3] [22].

S

Sättigung   saturation
насыщенность, насыщение

Bei ↑*Übertragungsgliedern* mit Sättigung steigt die Ausgangsgröße ab einem bestimmten Wert der Eingangsgröße nicht mehr bei weiter steigender Eingangsgröße. Die ↑*statische Kennlinie* ist im Bild dargestellt. Es ist ein ↑*nichtlineares Übertragungsglied* [8].

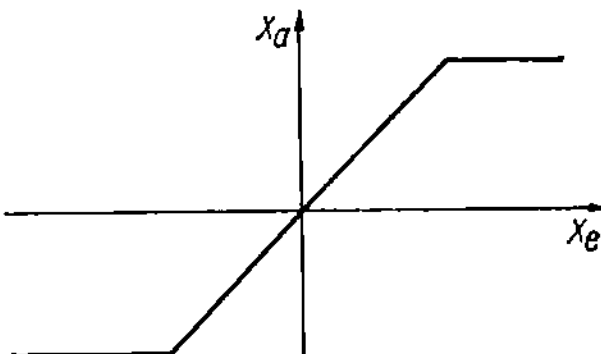

Schaltalgebra
Boolean (switching) algebra
схемная алгебра, алгебра Буля

Die Schaltalgebra ist ein rechnerisches Hilfsmittel zur Analyse und Synthese von ↑*binären Schaltsystemen.*
Die Analyseaufgabe der Schaltalgebra besteht darin, von einem vorgelegten Schaltsystem auf die von diesem realisierte Signalverarbeitung zu schließen. Ausgangspunkte der Analyse sind daher im Fall speicherfreier Schaltsysteme die dem Schaltsystem zugeordneten ↑*Schaltfunktionen.* Ziel der Analyse ist die Aufstellung der zu diesem Schaltsystem gehörigen ↑*Schaltbelegungstabelle.*
Die Syntheseaufgabe der Schaltalgebra besteht im Entwurf eines Schaltsystems aus einem bestimmten Sortiment an ↑*binären Elementargliedern,* mit der Bedingung, daß erstens die vorgegebene Signalverarbeitung dieses Schaltsystems realisiert und zweitens ein möglichst minimaler Aufwand getrieben wird.
Grundlegend für die gesamte Schaltalgebra sind die Schaltfunktionen sowie die Rechenregeln zur äquivalenten Umformung von derartigen Schaltfunktionen.

Schaltbelegungstabelle
таблица занятости схемы

Die Schaltbelegungstabelle dient der nach außen hin in Erscheinung tretenden Signalverarbeitung durch ↑*binäre Schaltsysteme.*
Bei speicherfreien binären Schaltsystemen besteht die Schaltbelegungstabelle aus 2^n Zeilen. Hierbei ist n die Anzahl der ↑*Eingangssignale* des Schaltsystems. In jeder Zeile ist eine der 2^n möglichen Kombinationen von Eingangssignalwerten und der dadurch eindeutig bestimmte Ausgangssignalwert eingetragen. (↑*Binäres Elementarglied;* Bilder a, b, c, e, f.)
Durch eine derartige Schaltbelegungstabelle ist die Signalverarbeitung des entsprechenden binären Schaltsystems vollständig festgelegt.
Zwei speicherfreie Schaltsysteme werden als *äquivalent* (funktionsgleich) bezeichnet, wenn ihre beiden Schaltbelegungstabellen übereinstimmen.

Schaltfunktion   switching function
коммутационная функция, функция включения

Schaltfunktionen stellen ein wichtiges Hilfsmittel zur Analyse und Synthese speicherfreier ↑*binärer Schaltsysteme* aus ↑*binären Elementargliedern* mit Hilfe der ↑*Schaltalgebra* dar.
Durch eine Schaltfunktion wird der innere Aufbau eines speicherfreien Schaltsystems aus binären Elementargliedern beschrieben. Jedes speicherfreie Netzwerk aus binären Elementargliedern mit einem Ausgangssignal hat eine ihm eindeutig zugeordnete Schaltfunktion. Umgekehrt ist jeder Schaltfunktion eindeutig ein bestimmtes speicherfreies Netzwerk aus binären Elementargliedern mit einem Ausgangssignal zugeordnet. Ebenso wie binäre

Schaltsysteme aus ↑*binären Elementargliedern* zusammengefügt werden, werden beliebige Schaltfunktionen auf gewissen *elementaren* Schaltfunktionen begründet.

Die folgende Definition aller möglichen Schaltfunktionen enthält zugleich Hinweise auf die umkehrbar eindeutige Zuordnung dieser Schaltfunktionen zu den Netzwerken binärer Elementarglieder:

1. Die ↑*Signalwerte* O und L sind Schaltfunktionen, die dem konstanten O-Signal bzw. dem konstanten L-Signal zugeordnet sind.

2. Die *Signalvariablen* als Variablen für die beiden Signalwerte O bzw. L (z. B. $x_1, x_2, ..., x_n, y, ...$) sind Schaltfunktionen. Sie sind den entsprechend bezeichneten binären Signalen zugeordnet.

3. Ist f eine Schaltfunktion, so ist auch $\bar{f}$ (gelesen: „f quer" oder „nicht f") eine Schaltfunktion. $\bar{f}$ ist demjenigen Schaltsystem zugeordnet, das durch Anschluß eines ↑*Negators* an das Schaltsystem mit der Schaltfunktion f entsteht (Bild a). $\bar{f}$ heißt *Negation* von f. Der Querstrich heißt Negationszeichen.

4. Sind f_1 und f_2 Schaltfunktionen, so ist auch

   $(f_1 \wedge f_2)$ (gelesen: „f_1 und f_2")

   eine Schaltfunktion. $(f_1 \wedge f_2)$ heißt *Konjunktion* der beiden Schaltfunktionen f_1 und f_2 und ist demjenigen Schaltsystem zugeordnet, das durch Anschluß eines ↑*UND-Gliedes* an die beiden Ausgangssignale der Schaltsysteme mit den Schaltfunktionen f_1 bzw. f_2 entsteht (Bild b). Das Zeichen $\wedge$ ist das Verknüpfungszeichen der Konjunktion (Konjunktionszeichen).

5. Sind f_1 und f_2 Schaltfunktionen, so ist auch $(f_1 \vee f_2)$ (gelesen: „f_1 oder f_2") eine Schaltfunktion. $(f_1 \vee f_2)$ heißt *Disjunktion* der beiden Schaltfunktionen f_1 und f_2 und ist demjenigen Schaltsystem zugeordnet, das durch Anschluß eines ↑*ODER-Gliedes* an die beiden Ausgangssignale der Schaltsysteme mit den Schaltfunktionen f_1 bzw. f_2 entsteht (Bild c). Das Zeichen $\vee$ ist das Verknüpfungszeichen der Disjunktion (Disjunktionszeichen).

In fertig vorliegenden Schaltfunktionen werden nachträglich in der Regel klammersparende Vereinbarungen getroffen:

a) Außenklammern fertig vorliegender Schaltfunktionen können weggelassen werden.

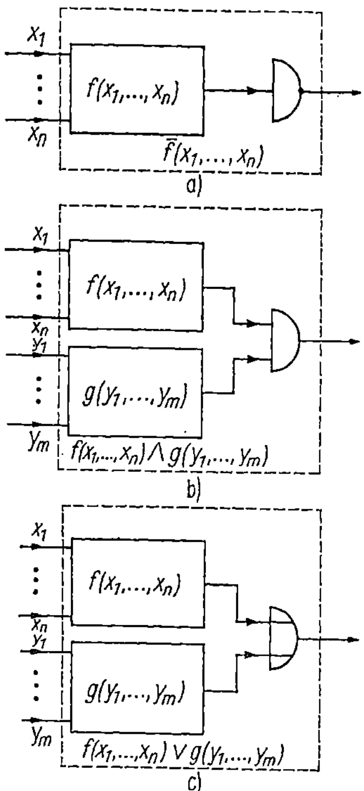

b) Jedes Konjunktionszeichen ($\wedge$) bindet stärker als jedes Disjunktionszeichen ($\vee$). Alle Klammern, die nur diesem Tatbestand Ausdruck verleihen sollen, können in fertig vorliegenden Schaltfunktionen ebenfalls weggelassen werden.

c) Da sowohl für die Konjunktion als auch für die Disjunktion assoziative Gesetze von der Gestalt

$$f_1 \wedge (f_2 \wedge f_3) = (f_1 \wedge f_2) \wedge f_3$$
$$= f_1 \wedge f_2 \wedge f_3 \text{ bzw.}$$
$$f_1 \vee (f_2 \vee f_3) = (f_1 \vee f_2) \vee f_3$$
$$= f_1 \vee f_2 \vee f_3$$

gelten, können derartige Klammern ebenfalls weggelassen werden.

Schließlich vereinbart man häufig, das Konjunktionszeichen ($\wedge$) nicht mitzuschreiben, statt $f_1 \wedge f_2$ also kurz $f_1 f_2$ zu schreiben.

Eine der wichtigsten Aufgaben der Schaltalgebra besteht darin, derartige Schaltfunktionen so umformen („kürzen") zu können, daß die ursprüngliche und die durch Umformung daraus gewonnene Schaltfunktion zwar verschiedene (insbesondere verschieden aufwendige) Schaltsysteme repräsentieren, deren Schaltbelegungstabellen jedoch übereinstimmen, so daß diese Schaltsysteme im Hinblick auf ihre nach außen in Erscheinung tretende Signalverarbeitung *äquivalent* sind. In diesem Fall nennt man auch die beiden Schaltfunktionen äquivalent.

Die folgenden Grundtypen von Schaltfunktionen treten in der Schaltalgebra besonders häufig auf.

Unter einer *Negation* versteht man eine Schaltfunktion von der Gestalt f, wobei f eine beliebige Schaltfunktion ist. Unter einer *Konjunktion* versteht man eine Schaltfunktion, die die Gestalt

$$f_1 \wedge f_2 \wedge f_3 \wedge \cdots \wedge f_n$$

hat. $f_1, \ldots, f_n$ sind dabei beliebige Schaltfunktionen und werden als Konjunktions*glieder* bezeichnet.
Entsprechend bezeichnet man eine Schaltfunktion von der Gestalt

$$f_1 \vee f_2 \vee f_3 \vee \cdots \vee f_n$$

als eine *Disjunktion*. Die im übrigen beliebigen Schaltfunktionen $f_1, \ldots, f_n$ heißen Disjunktions*glieder*.
Eine Konjunktion, deren sämtliche Glieder Signalvariable oder negierte Signalvariable sind, heißt *einfache Konjunktion*. Eine einfache Konjunktion, in der sämtliche Signalvariablen einer Schaltfunktion entweder negiert oder unnegiert vorkommen, wird als *Elementarkonjunktion* bezeichnet.
Eine Disjunktion, deren sämtliche Glieder *Elementar*konjunktionen aller insgesamt vorkommenden Signalvariablen sind, wird als *kanonische disjunktive Normalform* einer Schaltfunktion bezeichnet. Jede Schaltfunktion hat genau eine ihr äquivalente kanonische disjunktive Normalform. Die kanonischen disjunktiven Normalformen treten häufig als Ausgangspunkte für die rechnerische Kürzung von Schaltfunktionen auf.
Eine Disjunktion, deren sämtliche Glieder *einfache* Konjunktionen sind, wird als *disjunktive Normalform* bezeichnet. Viele systematische Optimierungsverfahren der Schaltalgebra gestatten die Bestimmung der kürzesten disjunktiven Normalform, die der vorgegebenen Schaltfunktion äquivalent ist.

60

Schaltkreis   gate, switching circuit
коммутационный контур
↑*Binäres Schaltsystem.*

Schwarz-Weiß-Regelung   bang-bang control
черно-белое регулирование
↑*Zweipunktregelungen* [7].

Selbstanpassendes System
   self-adapting system
самонастраивающаяся система
↑*Adaptive Systeme.*

Selbsteinstellendes System
   self-adjusting system
самоустанавливающаяся (самоприспосабливающаяся) система
Selbsteinstellende Systeme sind spezielle ↑*adaptive Systeme*, bei denen ein Grundprozeß und ein übergeordneter Prozeß zur Selbsteinstellung (zur Verbesserung des Grundprozesses) unterschieden werden können.
Durch den übergeordneten Prozeß werden unabhängig veränderliche Parameter des Grundprozesses gemessen und ihrem Einfluß auf ein vorgegebenes Gütemaß durch Verstellung von abhängig veränderlichen Parametern entgegengewirkt.
Als unabhängige Parameter des Grundprozesses (z. B. Regelkreis) sind z. B. die Daten der ↑*Regelstrecke* anzusehen, während die Einstellwerte der ↑*Regeleinrichtung* als abhängig Veränderliche betrachtet werden.

Selbsttätige Regelung

Eine *selbsttätige Regelung (automatische Regelung)* ist eine Regelung, bei der alle Vorgänge im Regelkreis selbsttätig nur durch Geräte ausgeführt werden.
Eine selbsttätige Regelung wird vielfach kurz Regelung genannt.

Selbsttätige Steuerung   automatic control
автоматическое управление
Eine *selbsttätige Steuerung (automatische Steuerung)* ist eine Steuerung, bei der alle Vorgänge in der Steuerung selbsttätig nur durch Geräte ausgeführt werden.
Eine Steuerung heißt auch dann selbsttätig, wenn sie durch ein von Hand gegebenes Signal ausgelöst wird, und danach automatisch arbeitet.
Eine selbsttätige Steuerung wird vielfach kurz Steuerung genannt.

Sequentielles Schaltsystem
  sequential switching system
система последовательного включения
↑*Binäres Schaltsystem.*

Serienschaltung   serial (series) connection
последовательная схема
↑*Reihenschaltung*

Seriensignal   series signal
последовательный сигнал
Ein Seriensignal ist eine Erscheinungsform
eines mehrstelligen ↑*diskreten Signals (digitalen Signals)*, bei dem die einzelnen Informationsparameter zeitlich nacheinander auf
derselben Übertragungsleitung zur Verfügung
stehen. Das Gegenstück zum Seriensignal ist
das ↑*Parallelsignal.*

Signal   signal
сигнал
Die Signale sind die wichtigsten ↑*Informationsträger* in Steuerungen und Regelungen. Alle in
Steuerungen und Regelungen übertragenen
und verarbeiteten ↑*Informationen* sind an
Signale gebunden. Durch die Übertragung
und Verarbeitung der Signale werden Übertragung und Verarbeitung von Informationen
in technischen Einrichtungen erst ermöglicht.
An ein Signal sind daher die folgenden beiden
Forderungen zu stellen:

1. Signale müssen so beschaffen sein, daß
   technische Einrichtungen zu ihrer Übertragung (Weiterleitung) und Verarbeitung
   verwendet werden können.
2. Jedes Signal muß in (wenigstens näherungsweise) eindeutig reproduzierbarer Weise
   ↑*Informationen* (Zahlwert- oder Befehlsinformationen) enthalten.

Die erste Forderung wird dadurch erfüllt, daß
Signale stets durch (zeitlich veränderliche)
physikalische Größen, wie elektrische Spannung, elektrische Stromstärke, Druck in
Gasen oder Flüssigkeiten, als *Signalträger*
gegeben sind.
Der zweiten Forderung wird dadurch entsprochen, daß die Werte einer mit dem Signal
untrennbar verbundenen Hilfsgröße eindeutige Rückschlüsse auf die zu signalisierenden Zahlwert- oder Befehlsinformationen zulassen. Diese Hilfsgröße wird als ↑*Informationsparameter* bezeichnet. Die Werte dieses Informationsparameters entsprechen also umkehr-

bar eindeutig gewissen Zahlwerten oder
Befehlen.
Die naheliegendste und derzeit technisch
häufigste Form der Signalisierung besteht
darin, daß als Informationsparameter die
Amplitude des Signalträgers verwendet wird.
Ein typisches Beispiel hierfür ist die Ausgangsspannung eines Thermoelements. Signalträger
ist die elektrische Spannung. Auf Grund der
Gesetzmäßigkeiten des thermoelektrischen
Effekts entsprechen die Werte der Thermospannung umkehrbar eindeutig den Werten
der Temperaturdifferenz zwischen den Lötstellen des Thermoelements. Die Amplitude
des Signalträgers kann also als Informationsparameter für die eingangsseitigen Temperaturmeßwerte verwendet werden. Bild a zeigt
einen möglichen Verlauf dieses Signals mit
einer Kennzeichnung des Informationsparameters J.
Häufig wird jedoch im Hinblick auf eine technisch zweckmäßigere Signalübertragung oder
Signalverarbeitung oder auch im Zusammenhang mit bestimmten steuerungs- bzw. regelungstechnischen Verfahren von dieser naheliegendsten Form der Signalisierung abgegangen. Statt der Amplitude des Signalträgers werden dann andere Hilfsgrößen des
Signals als Informationsparameter verwendet.
So kann z.B. der Signalträger eines elektrischen Spannungssignals grundsätzlich einen
sinusförmigen zeitlichen Verlauf nehmen. Als
Informationsparameter können dann z.B. die
Frequenz oder die Phasenlager dieser Sinusschwingung (die dann natürlich ihrerseits zeitlich veränderlich sein müssen) verwendet werden (Bilder b und c); man spricht dann von
frequenz- bzw. phasenmodulierten Signalen.
Letztere kann man sich z.B. in einem Drehmelder erzeugt denken.

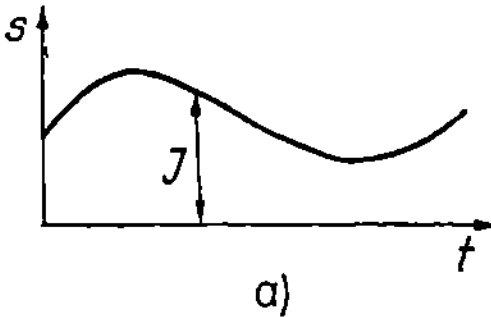

a)

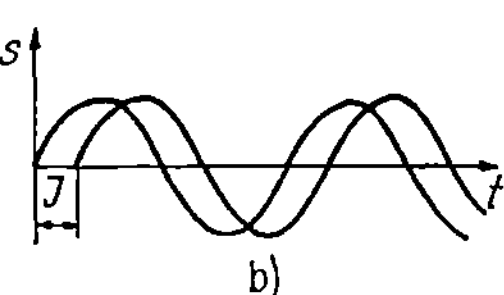

b)

Schließlich kann der Signalträger grundsätzlich einen rechteckimpulsförmigen zeitlichen Verlauf haben. Als Informationsparameter kommen dann z.B. die Impulsamplitude (↑*Pulsamplitudenmodulation* PAM, Bild d), die Impulslänge (↑*Pulslängenmodulation* PLM, Bild e), die Impulsfrequenz (↑*Pulsfrequenzmodulation* PFM, Bild f) und die Impulsphase (↑*Pulsphasenmodulation* PPM, Bild g) in Frage.

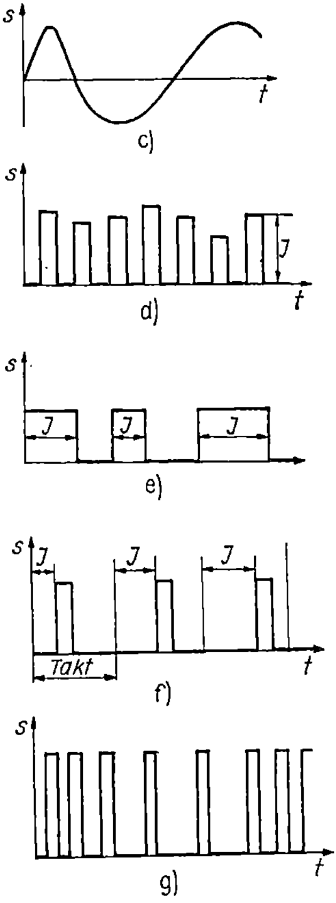

Alle bisher genannten Beispiele gehen davon aus, daß ein Signal nur *einen* Informationsparameter enthält. Insbesondere im Fall der ↑*diskreten Signale* ist es jedoch notwendig, auch Signale zu betrachten, die *mehrere* Informationsparameter haben.

Die genannten Kennzeichen eines Signals lassen sich folgendermaßen zusammenfassen:

Ein Signal ist eine zeitlich veränderliche physikalische Größe (Signalträger), die mindestens eine mit ihr untrennbar verbundene Hilfsgröße (Informationsparameter) besitzt, deren Werte eindeutige Rückschlüsse auf die signalisierten Zahlwerte oder Befehle zulassen.

Je nach Anzahl der in einem Signal enthaltenen Informationsparameter spricht man von ein- oder mehrstelligen Signalen.

Unter der *Dimension* eines Signals versteht man die physikalische Dimension des jeweiligen Signalträgers.

Der hier formulierte Signalbegriff läßt die vielfältigsten technischen Realisierungsmöglichkeiten zu, von denen das angeführte Beispielmaterial nur einen unvollkommenen Eindruck vermitteln kann. Um einen systematischen Überblick über die wichtigsten Grundformen der Signalisierung zu erhalten, ist eine möglichst exakte Klassifikation des allgemeinen Signalbegriffs notwendig.

Eine derartige Klassifikation kann nach zwei grundverschiedenen Gesichtspunkten erfolgen: nach dem *Wertevorrat* der Informationsparameter und nach der *zeitlichen Erhältlichkeit* der Information.

Einteilung der Signale nach dem Wertevorrat des Informationsparameters:

Signale, deren Informationsparameter in gewissen (meist gerätetechnisch bedingten) Grenzen *beliebige* Zwischenwerte annehmen können, werden als ↑*analoge Signale* bezeichnet.

Alle in den Bildern a bis g dargestellten Beispiele können auch als Beispiel für analoge Signale angeführt werden, wenn im Sinn der soeben getroffenen Festlegung dafür gesorgt wird, daß die einzelnen Informationsparameter in gewissen Grenzen beliebige Werte annehmen können. Diese Bedingung ist bei den Ausgangssignalen des Thermoelements (Bild a) und des Drehmelders (Bild b) technisch realisiert (↑*analoge Signale*).

Signale, deren Informationsparameter prinzipiell nur endlich viele (diskrete) Werte annehmen können, werden als ↑*diskrete Signale* bezeichnet. Diskrete Signale können aus analogen Signalen durch ↑*Quantisierung* oder durch ↑*Kodierung* gewonnen werden (↑*diskrete Signale*).

Einteilung der Signale nach der zeitlichen Erhältlichkeit der Information:

Signale, deren Informationsparameter in jedem Zeitpunkt eindeutige Rückschlüsse auf die signalisierten Zahlwerte bzw. Befehle zu-

lassen, werden als ↑*kontinuierliche Signale*
bezeichnet.

In diesem Sinn sind z. B. die bereits erwähnten
Thermospannungs- und Drehmeldersignale
(Bilder a und b) zu den kontinuierlichen Si-
gnalen zu rechnen.

Signale, deren Informationsparameter nur in
ganz bestimmten Zeitpunkten eindeutige
Rückschlüsse auf die signalisierten Zahlwerte
bzw. Befehle zulassen, werden als ↑*diskontinuierliche Signale* bezeichnet. Bei diskontinuierlichen Signalen liegt also eine Zeitquantisierung vor. Zum Beispiel sind alle modulierten Impulsfolgesignale diskontinuierlich. So
kann etwa im Fall der PAM (Bild d) nur während des Auftretens von Impulsen (genauer
sogar nur in den Zeitpunkten der aufsteigen-
den Impulsflanken) ein Rückschluß auf die
signalisierte Information gezogen werden. Bei
konstanter Folgefrequenz der Impulse sind
diese Zeitpunkte als von vornherein bekannt
anzusehen. Die Zeitpunkte der Informations-
erhältlichkeit müssen jedoch nicht in jedem
Fall von vornherein bekannt sein.

So stellt man z.B. bei der Pulslängenmodulation (Bild e) fest, daß nur nach Beendigung
eines Impulses ein Rückschluß auf die signalisierte Information möglich ist. Es liegt in der
Natur der Sache, daß diese Zeitpunkte von
vornherein nicht bekannt sein können.

Die beiden genannten Einteilungsprinzipien
lassen sich auch miteinander verbinden. Man
spricht dann von kontinuierlichen bzw. diskontinuierlichen analogen Signalen oder von
kontinuierlichen bzw. diskontinuierlichen diskreten Signalen.

Weitere Einteilungsmöglichkeiten für Signale:
Signale können auch nach dem zeitlichen Verlauf ihres Signalträgers eingeteilt werden.
Man spricht dann bei stetigem Zeitverlauf des
Signalträgers von *stetigen Signalen*, anderen-
falls von unstetigen Signalen. Sowohl analoge
wie auch diskrete Signale können stetig oder
auch unstetig sein. Das gleiche trifft auch auf
kontinuierliche bzw. diskontinuierliche Signale zu.

Schließlich können Signale auch nach ihrer
Dimension, d.h. also nach der physikalischen
Dimension ihres Signalträgers, klassifiziert
werden. Man unterscheidet dann z.B. elektrische Spannungssignale, elektrische Strom-
stärkesignale, Drucksignale, Wegsignale usw.

Signalflußplan signal flow diagram
схема прохождения сигнала

Die symbolische Darstellung der Signalübertragung und des Signalflusses einer ↑*Steuerung*
oder ↑*Regelung* durch ↑*Blöcke* und Wirkungs-
linien wird Signalflußplan genannt. Der Signalflußplan veranschaulicht die ↑*funktionelle
Betrachtung* von Problemen von einpoligen
Signallinien.

Signalflußpläne werden auch Blockschaltpläne genannt.

Signalflußweg control path
тракт прохождения сигнала

Der Signalflußweg ist derjenige Aspekt des
↑*Wirkungswegs* einer Steuerung oder Regelung, der bei der ↑*funktionellen Betrachtung* im
Vordergrund steht. Er besteht aus ↑*Übertragungsgliedern* sowie aus Signalleitungen
zwischen diesen Übertragungsgliedern. Die
symbolische Darstellung des Signalflußwegs
ist der ↑*Signalflußplan*.

Signalträger signal carrier
носитель сигнала
↑*Signal*.

Signalvariable signal variable
переменная сигнала
↑*Schaltfunktion*.

Signalverarbeitung signal handling
обработка сигнала

Die in Steuerungen und Regelungen notwendige ↑*Informationsverarbeitung* wird durch entsprechende Verarbeitung der ↑*Signale* als Informationsträger in den ↑*Gliedern* der Steuerungen bzw. Regelungen realisiert. Da bei
einem Signal die Werte des jeweiligen ↑*Informationsparameters* eindeutige Rückschlüsse
auf die signalisierte Information zulassen,
steht bei der Signalverarbeitung die Verarbeitung des Informationsparameters im Vordergrund. Enthalten alle beteiligten Signale Zahlwertinformationen, so bedeutet die Addition
(Subtraktion, Multiplikation, Division) zweier
Signale, daß aus jeweils zwei Eingangssignalen ein solches Ausgangssignal zu bilden ist,
bei dem die *signalisierte Information* der
Summe (der Differenz, dem Produkt, dem
Quotienten) der von den beiden Eingangssignalen signalisierten Information entspricht.
Bei der Signalverarbeitung steht also die gewünschte Verknüpfung der von den Signalen
getragenen Information im Vordergrund und
gibt dieser Signalverarbeitung ihren Namen.
Die Summe, die Differenz, das Produkt bzw.

der Quotient zweier Signale läßt sich daher nicht in jedem Fall einfach durch Addition, Subtraktion, Multiplikation bzw. Division der Informationsparameter oder gar der Signalträgeramplituden der beiden Eingangssignale gewinnen. Das erste hängt von der Art der Abhängigkeit zwischen Informationsparameter und signalisierter Information ab. Das letztere ist nur dann der Fall, wenn die Amplitude des †*Signalträgers* als Informationsparameter dient. Entsprechendes ist bei der logischen Verknüpfung †*binärer Signale* zu beachten.

Signalvorrat   availlable signal codes
запас (избыток) сигнала

Unter dem Signalvorrat eines †*Signals* ist die Gesamtheit seiner informationsabbildenden Zustände *(†Signalwerte)* zu verstehen.
Bei einem Signal mit *einem* †*Informationsparameter* ist dieser Signalvorrat durch die Gesamtheit aller möglichen Werte dieses Informationsparameters gegeben.
Der Begriff Signalvorrat spielt insbesondere bei †*digitalen Signalen* eine wichtige Rolle. Der Signalvorrat eines digitalen Signals ist durch die Gesamtheit aller möglichen †*Kodewörter* gegeben, die aus den Werten der einzelnen Informationsparameter dieses Signals gebildet werden können. Jeder †*Kode* ordnet den einzelnen Kodewörtern des Signalvorrats eines diskreten Signals jeweils eine Bedeutung (Information) zu. Die von einem Signal auf diese Weise darstellbaren Informationen werden zum †*Informationsvorrat* dieses Signals zusammengefaßt.

Signalweiche
переходное устройство сигнала
†*Umschalttor.*

Signalwert   signal value
величина (значение) сигнала

Jeder Signalwert eines †*Signals* mit $n \geq 1$ †*Informationsparametern* ist durch eine Gesamtheit von Werten dieser Informationsparameter gegeben. Bei einem †*einstelligen Signal* ist jeder Signalwert durch einen möglichen Wert des (in diesem Fall einzigen) Informationsparameters gegeben.
†*Digitale Signale* haben mehrere Informationsparameter mit jeweils endlich vielen möglichen Werten. Bei diesen ist jeder Signalwert durch ein †*Kodewort* gegeben, das die Werte aller beteiligten Informationsparameter enthält.
Die einzelnen Signalwerte eines Signals dienen zur Darstellung der von diesem Signal zu übertragenden *Informationen.* Die Zuordnung zwischen den Signalwerten und den durch sie dargestellten Informationen kann durch †*Modulation* oder durch einen †*Kode* erfolgen.
Die Gesamtheit aller Signalwerte eines Signals ergibt dessen †*Signalvorrat.*

Sollwert   desired (index) value, set point
заданное значение, задание

Eine konstante †*Führungsgröße* wird *Sollwert* X_s genannt. Der Sollwert ist diejenige Größe, deren Wert die Regelgröße bei einer †*Festwertregelung* haben soll.

Sollwertgeber   director
задатчик, задающее устройство

Der Sollwertgeber ist ein †*Bauglied* zur manuellen Eingabe des †*Sollwerts* im Regelkreis *(†Eingabeglieder).*

Software   software
средства программирования

In der modernen Rechentechnik häufig benutzte Bezeichnung für die Programmsysteme von Rechenanlagen (z.B. Compiler, Programmbibliothek).

Speicher   storage
запоминающее устройство, память

Speicher dienen zur Speicherung von Informationen.
Nach der Art der Stellung in der *Gesamtanlage* unterscheidet man †*externe Speicher* und †*interne Speicher.*

Speicherfreies Schaltsystem
коммутационная система без запоминающего устройства
†*Binäres Schaltsystem.*

Sprungantwort   step response
передаточная (скачкообразная) функция

Die Sprungantwort ist dasjenige Ausgangssignal $x_a(t)$ eines linearen †*Gliedes,* mit dem ein Sprungsignal am Eingang $(x_e(t) = E \cdot 1(t))$ beantwortet wird (Bild).
Die Sprungantwort hat die Dimension des Ausgangssignals *(†Übergangsfunktion).*

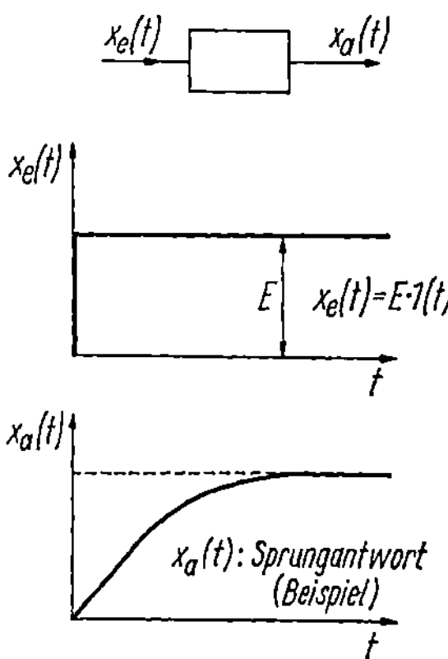

Stabilität

stability

стабильность

Wird ein Regelungssystem durch eine äußere Störung aus dem Gleichgewicht gebracht, so ist das System dann stabil, wenn nach einer endlichen Zeit ein neuer ↑*Beharrungszustand* erreicht wird. Die Forderung nach Stabilität ist eine notwendige Forderung an jeden technisch realisierten ↑*Regelkreis*.

Um die Stabilität eines Regelkreises zu bestimmen, sind mehrere Kriterien anwendbar. Dabei sind Stabilitätskriterien von Vorteil, die von experimentell ermittelten ↑*Frequenzgängen* des *aufgeschnittenen Regelkreises* F_0

ausgehen. Dazu wird der Regelkreis an einer Stelle aufgetrennt. An der Schnittstelle entsteht dann ein Eingang E und ein Ausgang A (Bild), so daß der aufgeschnittene Regelkreis wie ein Übertragungsglied behandelt werden kann.

Nach dem *Nyquist-Kriterium* kann aus dem Verlauf des Frequenzgangs des aufgeschnittenen Kreises F_0 auf Stabilität des geschlossenen Kreises geschlossen werden. Es lassen sich drei Fälle unterscheiden, die im Bild als Frequenzgang F_0 und als Darstellung des *Einschwingverhaltens* angegeben sind.

a) Stabilität
b) Stabilitätsgrenze
c) Instabilität

Hat die Kurve F_0 einen solchen Verlauf, daß der Punkt $(-1,0)$ von ihr nicht umschlossen wird, so ist das System nach Schließung stabil (Bild a).

Der Punkt $(-1,0)$ wird *kritischer Punkt* genannt. Im Bild b ist der Fall der Stabilitätsgrenze (Dauerschwingungen gleicher Amplitude) dargestellt. Bild c stellt den Fall der Instabilität dar.

Andere Stabilitätskriterien gehen z.B. von der Differentialgleichung des Systems oder von den ↑*Frequenzkennlinien* aus [3] [19] [20] [21] [22].

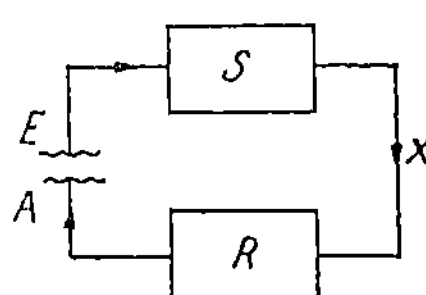

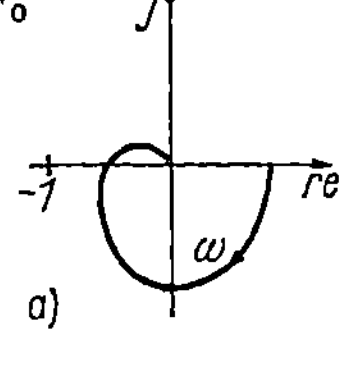

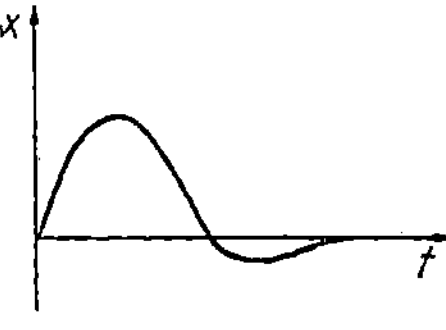

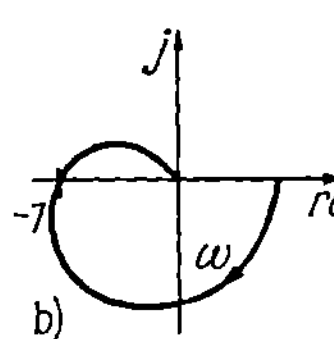

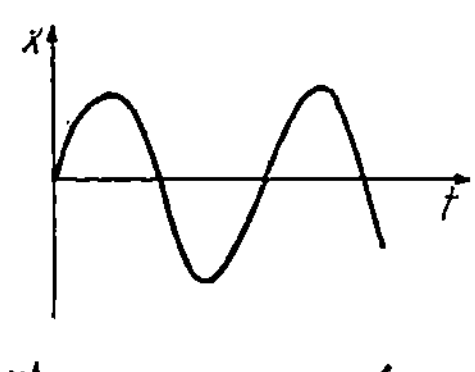

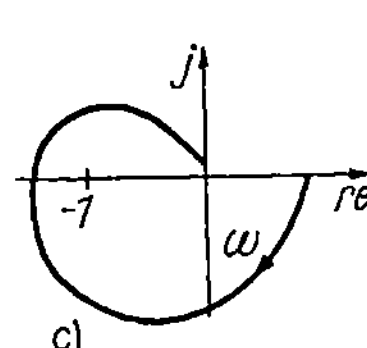

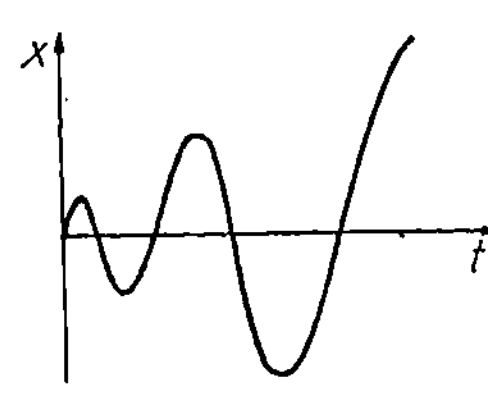

Stabilitätsgrenze   stability limit

предел стабильности (устойчивости)
↑*Stabilität.*

Statische Kennlinie   static characteristic

статическая характеристика

Die statische Kennlinie eines Gliedes mit einem ↑*Eingangssignal* und einem ↑*Ausgangssignal* ist die Darstellung des ↑*Informationsparameters* des Ausgangssignals in Abhängigkeit vom Informationsparameter des Eingangssignals im eingeschwungenen Zustand.
Im Bild a ist als Beispiel für eine statische Kennlinie die Funktion $I_a = f(I_e)$ eines Impulsbreitenmodulators angegeben.

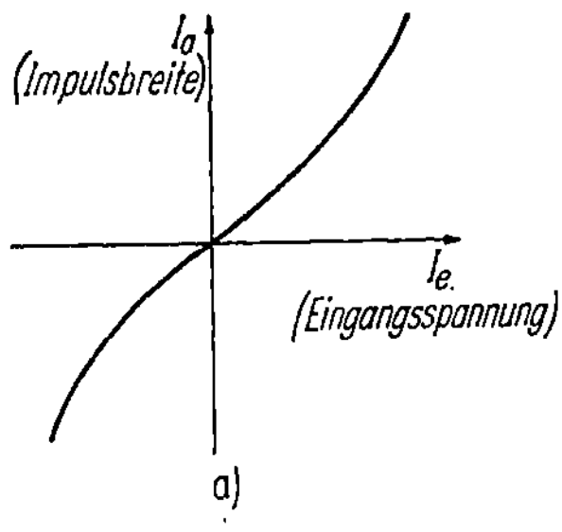

Für Glieder mit mehreren Eingangs-Ausgangs-Signalen werden statische Kennlinienfelder angegeben. Die dabei jeweils konstant gehaltenen Informationsparameter sind als Kurvenparameter mit Angabe der jeweiligen Werte einzutragen.

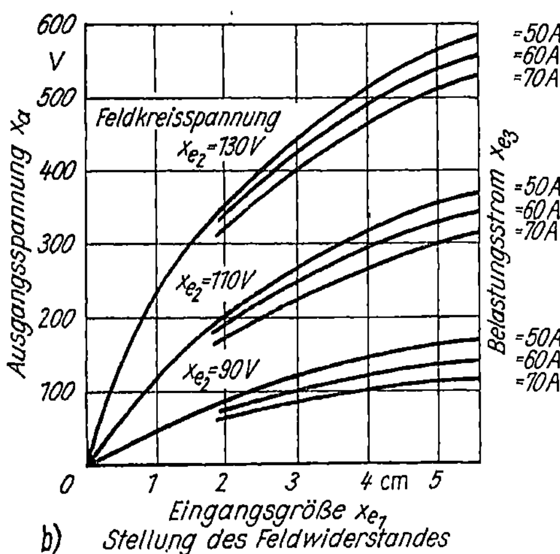

Als Beispiel ist im Bild b das statische Kennlinienfeld eines Stromerzeugers dargestellt. Die Stellung des Feldwiderstands (x_{e1}), die Feldkreisspannung (x_{e2}) und der Belastungsstrom (x_{e3}) werden als Eingangssignale betrachtet. Die Ausgangsspannung ist das Ausgangssignal (x_a).

Stellantrieb   motor element, servo drive

исполнительный механизм
↑*Stellglied.*

Stellbereich   adjusting (controlling) range

пределы регулирования

Der Stellbereich Y_h ist derjenige Bereich, in dem sich die ↑*Stellgröße* im jeweiligen Fall ändern kann. Die Grenzen des Stellbereichs sind durch die Anschläge des Stellglieds gegeben.
↑*Proportionalregeleinrichtung.*

Stellen   to regulate

регулировать
↑*Regelstrecke* und ↑*Stellglied.*

Stellgeschwindigkeit   regulating speed

скорость регулирования

Die *Stellgeschwindigkeit* dy/dt ist die Geschwindigkeit, mit der sich die Stellgröße ändert. Die *Stellzeit* T_y ist die Zeit, in der die *Stellgröße* bei maximal möglicher *Stellgeschwindigkeit* den gesamten Stellbereich Y_h durchläuft.
Die *Stellgeschwindigkeit* und die *Stellzeit* sind wesentliche Größen zur Auswahl geeigneter ↑*Stellantriebe*. Beide Werte haben Einfluß auf das dynamische Verhalten des ↑*Regelkreises (Stabilität)* und müssen bei der Berechnung der Einstellwerte geeignet gewählt werden.

Stellglied   correcting unit

регулирующий (исполнительный) орган

Das *Stellglied* ist derjenige Teil einer Steueroder ↑*Regelstrecke*, mit dessen Hilfe zum Zweck der aufgabengemäßen Beeinflussung einer Größe unmittelbar in einen Massenfluß oder Energiestrom eingegriffen wird. Dieser Vorgang wird als *Stellen* bezeichnet.
Zu den Stellgliedern gehören Stellventile, Drosselklappen u.ä.
Man unterscheidet streng nach *Stellglied* und ↑*Stellantrieb*, der den nur motorischen An-

trieb für das Stellglied darstellt, sofern das Stellglied mechanisch betätigt wird.

Stellgröße   correcting condition
регулирующая величина

Größe, die in einem ↑*Regelkreis* zur Beeinflussung des Prozesses enthalten ist. Die Stellgröße wird von der Regeleinrichtung nach einem an die Strecke angepaßten Zeitverhalten in Abhängigkeit der ↑*Regelgröße* ausgegeben.

Stellort der Steuerkette
вход цепи управления

Stellort der Steuerkette heißt der Ort der ↑*Steuerkette,* an dem das Stellen realisiert wird.
Für die Festlegung des Stellorts und der Stellgröße bedarf es der Vereinbarung *(↑Steuerung).*

Stellort des Regelkreises
вход контура регулирования

Stellort des Regelkreises heißt diejenige Stelle des ↑*Regelkreises,* an der das Stellen realisiert wird.
Für die Festlegung des Stellorts und der Stellgröße bedarf es einer Vereinbarung.

Stellzeit   settling time
время регулирования (перестановки)
↑*Stellgeschwindigkeit.*

Stetiges Signal   continuous signal
непрерывный сигнал

Ein ↑*Signal* heißt stetig, wenn der zeitliche Verlauf der Amplitude seines ↑*Signalträgers* durch eine stetige Zeitfunktion beschrieben werden kann.
Das Gegenstück zu einem stetigen Signal ist ein ↑*unstetiges Signal.*

Steueranlage   control object
управляющая установка
↑*Regelanlage.*

Steuereinrichtung   process equipment
управляющее устройство
↑*Regeleinrichtung.*

Steuerkette   control chain
цепь управления
↑*Steuerung.*

Steuern   (open loop) control, directing
управление

Steuern und Regeln (engl.: control) ist der gemeinsame Oberbegriff für alle auf dem Prinzip des ↑*Steuerns* oder auf dem Prinzip des ↑*Regelns* beruhenden Maßnahmen zur Automatisierung von technischen Prozessen. Steuern und Regeln bezeichnet dementsprechend technische Vorgänge in abgegrenzten Systemen, bei denen die Werte physikalischer oder technischer Größen auf Grund eingebauter Gesetzmäßigkeiten in beabsichtigter Weise beeinflußt werden.

Steuerstrecke   control object, controlled system
объект управления
↑*Regelstrecke.*

Steuerung   (open loop) control, directing
управление, система управления

Das *Steuern* – die *Steuerung* – ist ein solcher Vorgang in einem abgegrenzten System, bei dem eine oder mehrere Größen als Eingangsgrößen andere Größen als Ausgangsgrößen auf Grund der dem abgegrenzten System eigenen Gesetzmäßigkeit beeinflussen. Charakteristisch für das Steuern ist, daß der ↑*Wirkungsweg* der Steuerung nicht im Sinn einer ↑*Regelung* fortlaufend geschlossen ist. Der ↑*Wirkungsweg* einer Steuerung wird *Steuerkette* genannt. Das ↑*Ausgangssignal* heißt *gesteuerte Größe.*

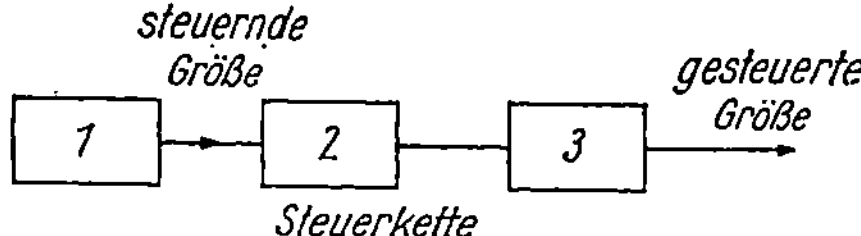

Beispiel: Steuerung der künstlichen Straßenbeleuchtung in Abhängigkeit von der natürlichen Tageshelligkeit.
Jede Steuerkette enthält für jede gesteuerte Größe eine ↑*Steuerstrecke* und eine ↑*Steuereinrichtung.* ↑*Eingangssignale* der Steuerkette sind die ↑*Stellgrößen* und solche ↑*Störgrößen,* die auf der *Strecke* angreifen.
Steuerketten müssen so aufgebaut sein, daß von der Steuerung selbst nicht erfaßte Störgrößen die gesteuerte Größe nur vernachlässigbar beeinflussen.

Steuerungsaufgabe   control problem
задание управления

In der *Steuerungsaufgabe* wird formuliert, welche Aufgabe gelöst werden soll, d.h., welche Forderungen an die Aufgabengröße gestellt werden. Die Lösung dieser Aufgabe stellt die Steuerung dar. Es sind gesteuerte Größen, Stellgrößen und Stellorte sowie alle in der Strecke zu messenden Größen und deren Meßorte zu vereinbaren sowie eine geeignete Steuereinrichtung auszuwählen.

Stibitzkode   axcess-three code
код Стибица
↑*Dezimal-binäre Kode.*

Stochastische Störung
   stochastic disturbation
стохастическое возмущение
Zeitabhängige Störung $z(t)$, die ein Übertragungssystem beeinflußt, bei der der Funktionswert zu einem festen Zeitpunkt unbestimmt ist und nur mittels Methoden und Kenngrößen der Wahrscheinlichkeitstheorie möglich ist [35] [29].

Störbereich   disturbance range
диапазон паразитных воздействий
Bereich, in dem sich die ↑*Störgröße z* ändern kann.

Störfrequenzgang
   parasitic frequency response
характеристика частоты помех
Der Störfrequenzgang

$$F_z(p) \; = \frac{X\,(j\omega)}{Z\,(j\omega)} = \frac{1}{\dfrac{1}{F_S\,(j\omega)} + F_R\,(j\omega)} \; ;$$

F_S Frequenzgang der Regelstrecke
F_R Frequenzgang der Regeleinrichtung

gibt Aufschluß über das Störverhalten des Regelkreises [3].

Störgröße   disturbance variable
возмущающее воздействие
Störgrößen z sind solche Größen, die in ungewollter Weise von außen in den Signalflußweg eingreifen und den Steuerungs- oder Regelungsprozeß beeinträchtigen (z.B. Schwankungen der Versorgungsspannung in elektrischen Anlagen, Belastungsschwankungen bei Antriebsmaschinen, Druckschwankungen in Dampfnetzen usw.).
Ziel einer *Regelung* ist es, die Auswirkungen

der *Störgrößen* möglichst klein zu halten oder gar nicht in Erscheinung treten zu lassen.

Störgrößenaufschaltung feedforward control
включение паразитных величин
Zur Verbesserung einer Regelung wird häufig dem ↑*Regelkreis* eine ↑*Steuerung* überlagert. Dazu wird die ↑*Störgröße* gemessen und über ein geeignetes Übertragungsglied F_H der ↑*Regeleinrichtung* zugeführt. Damit wird eine teilweise Ausschaltung der Streckenzeitkonstanten erreicht (Bild).

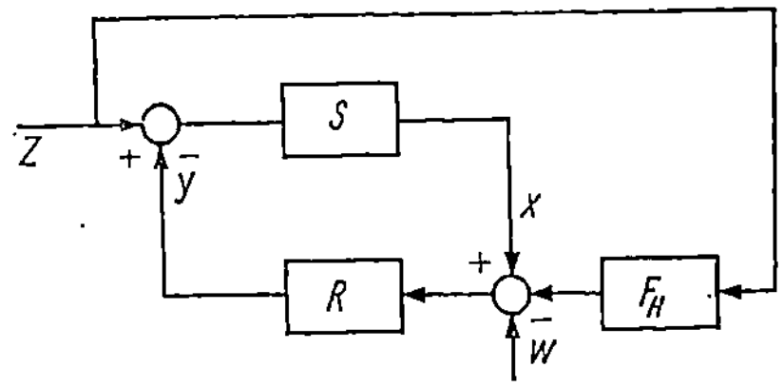

Störverhalten   disturbance response
характеристика возмущающих воздействий
↑*Führungsverhalten.*

Stoßantwort   impulse response
ответный импульсный сигнал
Die Stoßantwort ist dasjenige Ausgangssignal eines ↑*linearen Gliedes*, mit dem ein Stoßsignal (Nadelimpulssignal) am Eingang beantwortet wird. Die Stoßantwort hat die Dimension des Ausgangssignals des Gliedes (↑*Gewichtsfunktion*).

Stoßfunktion
импульсная функция
↑*Gewichtsfunktion.*

Strukturinstabilität
   structural instability
нестабильность структуры
Ein Regelsystem heißt strukturinstabil, wenn die Wahl aller möglichen Parametereinstellungen keine ↑*Stabilität* des Systems ergibt.

Strukturumschaltung

Manuelle oder automatische Umschaltung des Zeitverhaltens oder der Regelungsstruktur in einem Regelkreis (z.B. Umschaltung vom PI- auf PID-Verhalten eines Reglers oder Aufschaltung einer Hilfsregelgröße) [12].

Summenzeitkonstante   total time constant

суммарная постоянная времени

↑*Zeitkonstante.*

Symmetrischer Kode   symmetric code

симметричный код

Ein symmetrischer Kode ist ein ↑*dezimalbinärer Kode*, bei dem das Teilkodewort des Neunerkomplements $9 - z$ einer Dezimalziffer z aus dem Teilkodewort der Dezimalziffer z durch bitweise ↑*Negation* hervorgeht ($z = 0, ..., 9$). Beispiele hierfür sind der ↑*Dreiexzeßkode* und der ↑*Aikenkode* [18].

Synthese einer Steuerung oder Regelung
↑*Funktionelle Betrachtung.*

System   system

система

Ein System ist eine Menge von Elementen, zwischen denen eine Menge von Relationen besteht. Die Elemente können wiederum Teil- oder Untersysteme des Gesamtsystems sein und fügen sich sinnvoll in dieses ein.

Für die Regelungstechnik sind vor allem die dynamischen Systeme von Bedeutung. Die Elemente solcher Systeme sind aktive Elemente, die Einflüssen von anderen Elementen ausgesetzt sind und selbst andere Elemente beeinflussen. Die Informationsübertragung innerhalb der Elemente wird mit Hilfe mathematischer Modelle, z.B. der ↑*Übertragungsfunktion*, beschrieben. Die Kopplung der Elemente untereinander wird durch die entsprechende Struktur des Systems bestimmt [13].

T

Tastperiode   sampling period

период зондирования (манипулирования)

↑*Abtastregelungen.*

Ternärer Kode   ternary code

тернарный код

↑*Kode* für ein digitales Signal mit dreiwertigen ↑*Informationsparametern.*

Tetrade   tetrade

тетрада

Eine Tetrade ist ein vierstelliges binäres Teilkodewort zur Verschlüsselung einer Dezimalziffer im Rahmen eines ↑*dezimalbinären Kodes.*

Torglied   gate element

элемент ключевой схемы

Torglieder sind ↑*Bauglieder*, die in Abhängigkeit von einem steuernden (Eingangs-) ↑*Signal* zwischen ihren Eingängen und ihren Ausgängen entweder eine identische Signalübertragung oder eine Unterbrechung des Signalflußwegs herbeiführen.

Im Bild sind verschiedene Torglieder mit den dazugehörigen Wertetabellen angegeben: a) ↑*Einschalttor*, b) ↑*Ausschalttor*, c) und d) ↑*Umschalttor* (k Kontakt geschlossen).

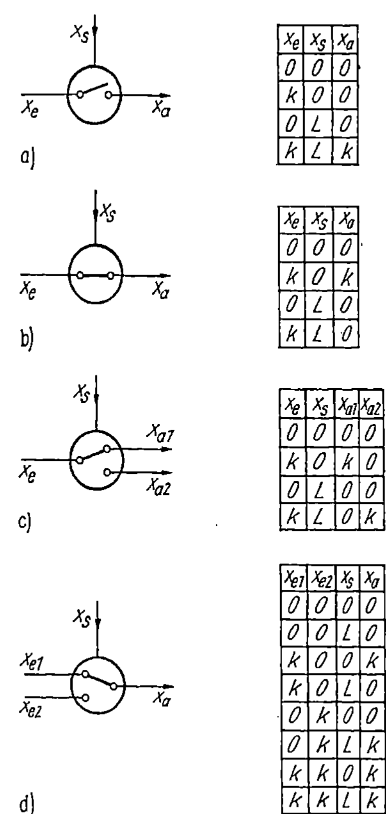

a)

x_e	x_s	x_a
0	0	0
k	0	0
0	L	0
k	L	k

b)

x_e	x_s	x_a
0	0	0
k	0	k
0	L	0
k	L	0

c)

x_e	x_s	x_{a1}	x_{a2}
0	0	0	0
k	0	k	0
0	L	0	0
k	L	0	k

d)

x_{e1}	x_{e2}	x_s	x_a
0	0	0	0
0	0	L	0
k	0	0	k
k	0	L	0
0	k	0	0
0	k	L	k
k	k	0	k
k	k	L	k

Totzeit   dead time

время запаздывания

Bei dem Vorhandensein einer Totzeit T_t in einem ↑*Übertragungsglied* vergeht erst die Zeit T_t bei einer sprungförmigen Änderung am Eingang, bevor eine Änderung am Ausgang zu merken ist (Bild).

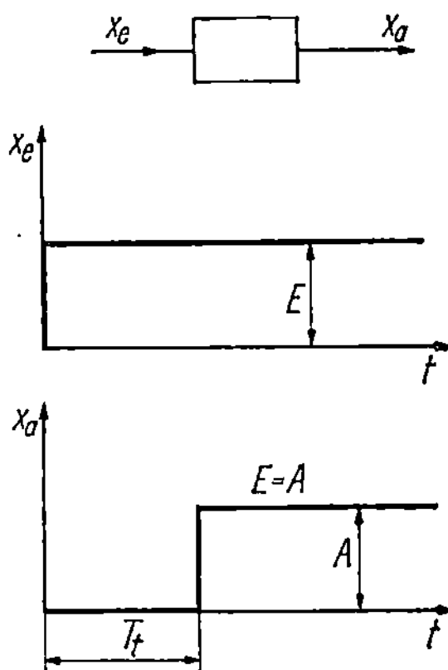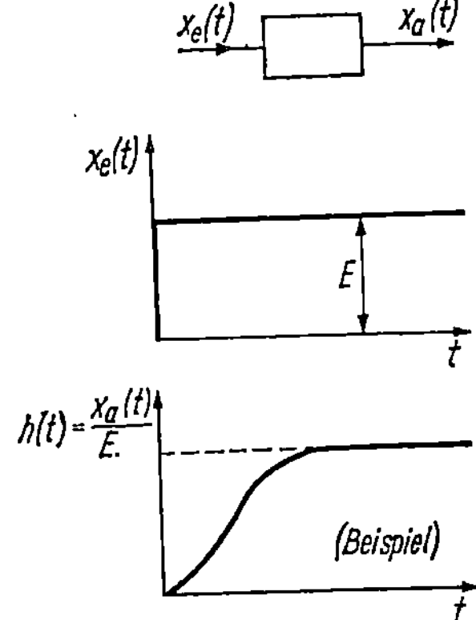

Gerätetechnisch hat eine Totzeit ihre Ursache immer in der endlichen Fortpflanzungsgeschwindigkeit des Regelbefehls, die dann gegenüber anderen Zeiten in Ablauf des ↑*Regelkreises* nicht mehr zu vernachlässigen ist. Beispiele für solche Vorgänge sind allgemeine Transportvorgänge (z.B. Mischvorgänge oder Förderbandeinrichtungen).

Totzeitglied   dead time element
элемент времени запаздывания
↑*Kennzeichnung von Übertragungsgliedern.*

Transmitter   transmitter
передатчик, преобразователь измеряемой величины

Einrichtung zur Umwandlung von Meßgrößen (Betriebsmeßgrößen) in Einheitssignale werden nach TGL 14591 und DIN 19226 besser als Meßwandler bezeichnet.

U

Übergangsfunktion
    step (transient) function
переходная функция

Ist das Eingangssignal $x_e(t) = E\,1\,(t)$, so ergibt sich die Übergangsfunktion eines ↑*linearen Übertragungsglieds* durch Quotientenbildung der ↑*Sprungantwort* $x_a(t)$ durch die Sprunghöhe E des Eingangssignals (Bild).
Die Übergangsfunktion wird mit $h(t)$ bezeichnet:

$$h(t) = \frac{x_a(t)}{E}$$

Die Dimension der Übergangsfunktion ergibt sich durch Division der Dimension des Ausgangssignals durch die Dimension des Eingangssignals. Typische Übergangsfunktionen werden in den Tafeln 1 und 2 gezeigt [3].

Überschwingweite   overshoot
амплитуда выноса, максимальное отклонение

Die *Überschwingweite* $X_ü$ ist die maximale Differenz zwischen der ↑*Regelabweichung* und der ↑*bleibenden Regelabweichung* X_B.
Bei sprungförmiger Änderung der *Führungsgröße* ist die *Überschwingweite* die Differenz zwischen Maximalwert und Beharrungswert der Regelgröße. Die *Überschwingweite* wird bezogen auf die Differenz zwischen Anfangs- und Beharrungswert der Regelgröße und ist in Prozent angegeben.
Im Bild ist die Überschwingweite für einen Störgrößensprung angegeben.

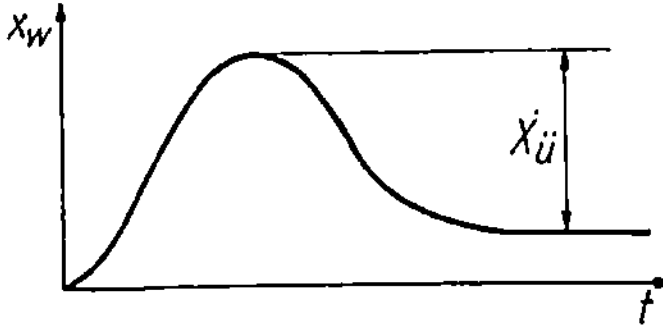

Wird bei einer Regelaufgabe die maximal zulässige Überschwingweite $X_{ü\,zul}$ vorgegeben, so lassen sich danach die Einstellwerte der *Regeleinrichtung* berechnen.
Die *Überschwingweite* ist von Art und Betrag der *Stör-* und *Führungsgrößenänderung* abhängig. Bei Gewährleistungen sind die Stör- und Führungsgrößenänderung nach Art, Zeit-

verlauf, Betrag und Angriffsstelle im *Regelkreis* zu vereinbaren.

Übertragungsfaktor   transfer factor
коэффициент передачи

Der Übertragungsfaktor eines ↑*Übertragungsglieds* wird durch den Quotienten der Differenz der Ausgangssignale durch die Differenz der Eingangssignale an der ↑*statischen Kennlinie* definiert.

Der Übertragungsfaktor wird mit dem Buchstaben K bezeichnet. Anhand der Bilder a bis c werden die speziellen Übertragungsfaktoren K_P (proportionaler Übertragungsfaktor), K_I (integraler Übertragungsfaktor) und K_D (differentialer Übertragungsfaktor) analoger Glieder angegeben.

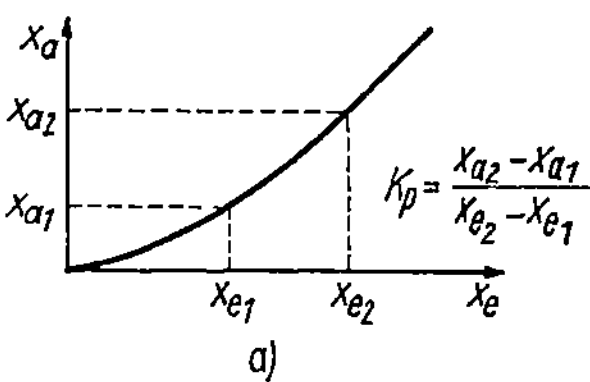

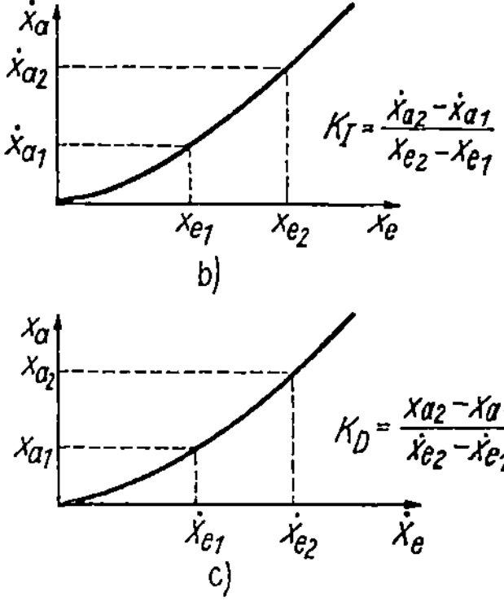

Der Übertragungsfaktor dient zur statischen Charakterisierung analoger Übertragungsglieder.

Übertragungsfunktion   transfer function
функция передачи, передаточная функция

Die Übertragungsfunktion ist in ihrer Form und ihren Parametern nur vom ↑*Übertragungsglied* abhängig und gestattet eine eindeutige

Bestimmung des Ausgangssignals in Abhängigkeit vom Eingangssignal.

Die Übertragungsfunktion linearer Systeme hat in Operatorschreibweise folgende allgemeine Form:

$$F(p) = \frac{a_n p^n + a_{n-1}p^{n-1} + \cdots + a_1 p + a_0}{b_m p^m + b_{m-1}p^{m-1} + \cdots + b_1 p + b_0}$$

Die Koeffizienten a_i und b_i setzen sich aus den ↑*Zeitkonstanten* und ↑*Übertragungsfaktoren* zusammen [12] [21] [22].

Übertragungsglied   transfer circuit
элемент передачи, передающее звено

Die ↑*Wirkungswege* von Steuerungen oder Regelungen setzen sich aus einzelnen ↑*Gliedern* zusammen. Bei der wirkungsmäßigen Betrachtung von Steuerungen und Regelungen zerlegt man den ↑*Wirkungsweg*, der in diesem Zusammenhang auch ↑*Signalflußweg* genannt wird, in einzelne Übertragungsglieder. Einzelheiten s. unter ↑*Glied*. Übertragungsglieder sind stets rückwirkungsfrei.

Umformer   converter
преобразователь, конвертер
↑*Wandler*.

Umschalttor   double-throw gate
ключевая схема переключения

Umschalttore (Signalweichen) sind ↑*Torglieder*, die entweder mehrere Eingänge und einen Ausgang oder einen Eingang und mehrere Ausgänge haben.

Umsetzer   converter
преобразователь
↑*Wandler*.

UND-Glied   AND-element
элемент И, схема И
↑*Binäres Elementarglied*.

Unstetiger Regler   discontinuous regulator
регулятор прерывистого действия

Regler, der ein unstetiges Stellsignal liefert.
Im allgemeinen liefern unstetige Regler ein Zweipunkt- oder Dreipunktsignal zur Beeinflussung der Stelleinrichtung. Gegenüber stetigen Reglern benötigen unstetige Regler Stellmotoren, an die wesentlich geringere Forderungen gestellt werden und deshalb meistens billiger sind.

Unstetiges Signal   discontinuous signal
прерывистый сигнал

Ein ↑*Signal* heißt unstetig, wenn der zeitliche
Verlauf der Amplitude seines Signalträgers
durch eine unstetige Zeitfunktion beschrieben
wird.
Das Gegenstück zu einem unstetigen Signal
ist ein ↑*stetiges Signal.*

V

Verfahrensregelung   process control
регулирование технологического процесса

↑*Regelung* von technologischen Größen, z.B.
in der chemischen Technik, der Metallurgie,
der Energieerzeugung und -verteilung, der
Leichtindustrie.
Es handelt sich hierbei um komplexe mehr-
parametrige Systeme, deren Bereich sich von
der einschleifigen Festwertregelung über mehr-
schleifige Regelungen bis zur Mehrfachregelung erstreckt.

Verfahrensuntersuchung
контроль (исследование) технологического процесса

Analyse technologischer Prozesse mit dem
Ziel, geeignete mathematische Modelle anzugeben, die das interessierende Signalüber-
tragungsverhalten für den jeweiligen Zweck
mit hinreichender Genauigkeit widerspiegeln.
Man unterscheidet dabei zwei Methoden:
Einerseits werden, von den technisch physikalischen Prozessen ausgehend, entsprechende
Gleichungen aufgestellt und auf diese Weise
ein selektiv aufgebautes Prozeßmodell er-
langt.
Andererseits wird der zugrunde liegende Prozeß meßtechnisch analysiert, indem man durch
Inbeziehungsetzen der gemessenen Eingangs-
und Ausgangsgrößen das „Klemmenverhal-
ten" bestimmt.
Hierbei werden zumeist keine oder geringe
Kenntnisse über den internen physikalisch-
chemischen Prozeßablauf benötigt.

Vergleichsglied   comparing element
орган сравнения, сравнивающее устройство

Der Vergleich zwischen der Regelgröße und
einer Führungsgröße oder zwischen Signalen

dieser Größe wird im *Vergleichsglied* durchgeführt. Das Vergleichsglied ist Bestandteil
der Regeleinrichtung.
Der Ort des Vergleichs im Regelkreis wird
Vergleichsstelle genannt.

Vergleichsstelle *s.* Vergleichsglied
↑*Vergleichsglied.*

Verhältnisregelung   ratio control
регулирование соотношения

Bei Verhältnisregelungen ist die ↑*Regelgröße x*
das Verhältnis zweier anderer Größen, z.B.
zweier Durchflüsse.

Verschlüsselung   coding
кодирование, шифрирование
↑*Kode.*

Verstärker   amplifier
усилитель

Ein *Verstärker* ist ein ↑*Wandler*, der als Lei-
stungsverstärker arbeitet und daher in jedem
Fall Hilfsenergie benötigt.
Beispiele für Bauglieder, die Verstärker sein
können:
elektrisch: Gasentladungs-, Röhren-, Trans-
duktor-, Transistor-, Relais-, Maschinenver-
stärker;
hydraulisch und pneumatisch: Geräte mit
Düsen–Prallplatten, Strahlrohr, Steuerschie-
ber, Ventile oder Doppelventile als Druck
und/oder Durchflußverstärker.
Nicht als Verstärker werden bezeichnet z.B.
Transformator, Hebel und mechanische Ge-
triebe.

Verzögernde Rückführung   lagged feedback
замедляющая обратная связь

Befindet sich im Rückwärtszweig der ↑*Rückführschaltung* ein Verzögerungsglied (Übergangsfunktion im Bild), so wird diese Rück-

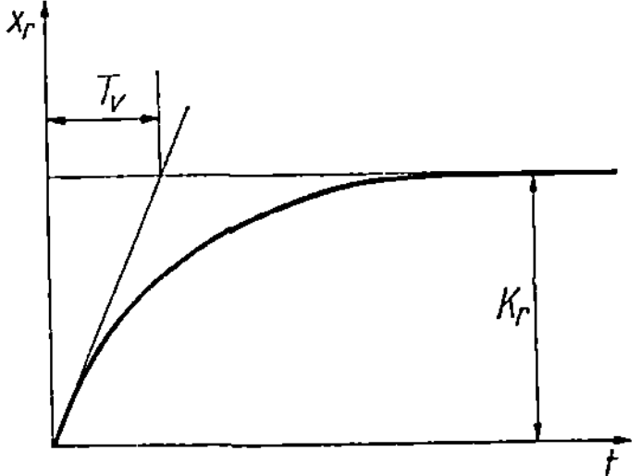

führung als verzögernd bezeichnet. Die Kennzeichen der verzögernden Rückführung sind der Übertragungsfaktor K_r und die Verzögerungszeit T_v. Wird ein ↑*P-Regler* mit einer verzögernden Rückführung (als ↑*negative Rückführung*) zusammengeschaltet, so entsteht ein ↑*PD-Regler*.

Verzögerungsglied lag-element
замедляющее звено, элемент запаздывания
↑*Kennzeichnung von Übertragungsgliedern.*

Verzugszeit delay-time
время запаздывания
↑*Kennwertermittlung.*

Verzweigungsstelle branching, junction
точка разветвления

Punkte des ↑*Signalflußplans,* an denen ein ↑*Signal* für verschiedene Zwecke mehrfach entnommen wird, werden *Verzweigungsstellen* genannt. Verzweigungsstellen sind durch ein ↑*Eingangssignal* und mehrere ↑*Ausgangssignale* gekennzeichnet, die untereinander und mit dem Eingangssignal übereinstimmen.
Im Signalflußplan werden Verzweigungsstellen wie im Bild dargestellt.
Es gilt die Gleichung:

$$x_e = x_{a1} = x_{a2} = x_{a3}$$

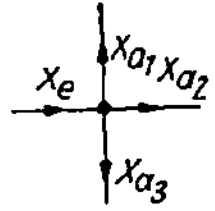

Vorhaltglied rate time element
звено предварения (упреждения)
↑*Kennzeichnung von Übertragungsgliedern.*

Vorhaltzeit rate time
время предварения (упреждения)

Die ↑*Differentialzeit* T_D einer ↑*PD-Regeleinrichtung* wird auch als Vorhaltzeit T_v bezeichnet (veraltet).
Bei einer PID-Regeleinrichtung wird die ↑*Zeitkonstante* der ↑*verzögernden Rückführung* als Vorhaltzeit T_v bezeichnet.

Vorrangsteuerung priority
приоритетное управление
Dient dem Ausgleich der unterschiedlichen Arbeitsgeschwindigkeiten verschiedener Teile

eines Rechners. So wird beispielsweise der Arbeitsablauf in der Zentraleinheit des Rechners immer dann zugunsten der langsameren Peripheriegeräte unterbrochen, wenn von dort bestimmte Daten angefordert werden. Dadurch werden die Wartezeiten der schnelleren Teile durch Füllprogramme genutzt.
Mit der Vorrangsteuerung ist es möglich, eine Programmschachtelung nach ihrer Wichtigkeit vorzunehmen.

Vorwärtsregelung
forward-acting regulation, forward control
опережающее регулирование
Veralteter Begriff für einen Wirkungsablauf in einer Kette (heute besser Steuerung).
Der Gegensatz dazu ist die ↑*Rückwärtsregelung.*

W

Wandler converter, transformer
преобразователь

Ein *Wandler* ist ein ↑*Bauglied* mit einem ↑*Eingangssignal* und einem ↑*Ausgangssignal.* Dabei unterscheidet sich das Ausgangssignal vom Eingangssignal durch die Dimension oder durch den ↑*Informationsparameter* oder durch den Wertevorrat des Informationsparameters. Im letzteren Fall muß die Wandlung in der Richtung vom Eingangssignal zum Ausgangssignal eindeutig erfolgen. Wandler *(Umformer, Umsetzer, Verstärker),* die in Meßeinrichtungen auftreten, können als ↑*Meßwandler* (↑*Meßumformer, Meßumsetzer* oder *Meßverstärker)* bezeichnet werden.
Die Wandler werden in Umformer und Umsetzer eingeteilt. Ein Wandler heißt *Umformer (Analog/Analog-Wandler),* wenn er ein *analoges Glied* ist (↑*analoges Übertragungsglied).*
Ein Wandler heißt *Umsetzer,* wenn er ein digitales Glied ist *(*↑*digitales Übertragungsglied).*

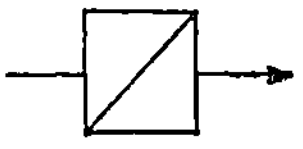

Wartung
BMSR-Geräte und -Einrichtungen bedürfen in einem vom Hersteller festgelegten Zyklus einer Wartung, in der in einer Durchsicht ein

Justieren, Auswechseln oder eine Pflege die
Betriebsbereitschaft gewährleistet wird.

Wendetangentenverfahren
способ касательной в точке перегиба
Verfahren zur Ermittlung von Kennwerten
von *Übertragungsgliedern* aus experimentell
aufgenommenen *Übergangsfunktionen* durch
Konstruktion der Wendetangente [10].
(↑Kennwertermittlung).

Wirkungsrichtung   direction of action
направление действия

Die Wirkungsrichtung ist die Richtung des
Signal- bzw. Informationsflusses im *↑Wir-
kungsweg* einer Steuerung oder Regelung. Ist
bei einem Bauglied einer Steuerung oder Regelung eine Rückwirkung von einem Ausgangssignal auf ein Eingangssignal nicht auszuschließen, so ist als Wirkungsrichtung die
Richtung der *beabsichtigten* Wirkung anzu-
nehmen.

Wirkungsweg   control path
линия управления

Der Wirkungsweg einer Steuerung oder Regelung ist derjenige Weg, längs dessen die den
Steuerungs- bzw. Regelungsprozeß bestim-
menden Wirkungen übertragen werden.
Alle Steuerungen und Regelungen sind dadurch gekennzeichnet, daß in den zu steuernden bzw. zu regelnden Prozeß so eingegriffen
wird, daß die Werte bestimmter Zielgrößen
dieses Prozesses einen vorgegebenen optimalen zeitlichen Verlauf nehmen. Dies wird dadurch erreicht, daß die genannten Eingriffe
von geeigneten Informationen abhängig ge-
macht werden, die dem Prozeß selbst oder der
technologischen bzw. ökonomischen Umwelt
des Prozesses entstammen können. Der Wirkungsweg einer Steuerung oder Regelung ist
also dadurch gekennzeichnet, daß *↑Informa-
tionen* gewonnen, übertragen und so verarbeitet werden, daß daraus Eingriffe in den zu
steuernden bzw. zu regelnden Prozeß im
Sinne der obengenannten Zielstellung abge-
leitet werden können. Durch die Richtung
dieses Informationsflusses ist zugleich die
↑Wirkungsrichtung längs des Wirkungswegs
festgelegt. Da Informationen der Übertragung
und Verarbeitung in technischen Systemen
nur in Verbindung mit *↑Signalen* als Informationsträger zugänglich sind, werden längs
des Wirkungswegs jeder Steuerung und Rege-

lung Signale gewonnen, übertragen und verarbeitet.
Zur anschaulichen Darstellung der Übertragung und Verarbeitung von Signalen und Informationen zerlegt man den Wirkungsweg
einer Steuerung oder Regelung in einzelne
↑Glieder (↑Übertragungsglieder, ↑Bauglieder).
Analyse und Synthese des Zusammenwirkens
der einzelnen Übertragungsglieder des Wirkungswegs (der in diesem Zusammenhang
auch als Signalflußweg bezeichnet wird) sind
Gegenstand der *↑funktionellen Betrachtung*
einer Steuerung oder Regelung. Der bildlichen
Darstellung des Aufbaus des Wirkungswegs
aus Übertragungsgliedern dient der *↑Signal-
flußplan*.
Die Realisierung des Wirkungswegs einer
Steuerung oder Regelung aus *↑Baugliedern*
steht im Mittelpunkt der *↑gerätetechnischen
Betrachtung* und wird im *↑Baugliedplan* bild-
lich dargestellt.
Der Wirkungsweg einer Steuerung oder Regelung ist vollständig bestimmt durch den Cha-
rakter der wirksamen Signale, die Über-
tragungseigenschaften der Glieder und durch
seinen strukturellen Aufbau (d.h. durch die
Art der Zusammenschaltung der einzelnen
Glieder).

Z

Zeitglied   timer, timing element
элемент запаздывания (задержки)

Zeitglieder sind spezielle Rechenglieder, deren
statische und dynamische Kennwerte in bestimmten Grenzen zur Anpassung der Einrichtung an die Strecke variiert werden können, z.B. differenzierendes Glied mit Verzögerung 1.Ordnung, dessen Übertragungsfaktor
und Zeitkonstante verändert werden können
(eingesetzt z.B. als nachgebende Rückführung).

Zeitkennwert

Aus der *↑Übergangsfunktion* gewonnener
Kennwert, der zur Beurteilung des dynamischen Verhaltens eines *↑Übertragungsglieds*
dient. Mit Hilfe des *↑Zeitprozentkennwertver-
fahrens* läßt sich aus Zeitkennwerten mit
Hilfe von Tabellen und Rechenvorschriften
die Struktur des Übertragungsglieds finden.

Zeitkonstante   time constant
постоянная времени

Dieser Begriff wird in einem großen Umfang
benutzt, z. B. Integrationskonstante, Verzöge-
rungszeitkonstante. Zeitkonstanten sind Kennwerte von ↑*Übertragungsgliedern*, die die Dimension der Zeit tragen und zur eindeutigen
Bestimmung des dynamischen Verhaltens notwendig sind.
↑*Übertragungsfunktion.*
Faßt man mehrere Zeitkonstanten zusammen,
so spricht man von *Summenzeitkonstanten.*
Setzt man einen Zeitkennwert repräsentierend
für eine Zeitkonstante, so wird diese *Ersatz-
zeitkonstante* genannt (Näherung).

Zeitplangeber

time emitter, (control) timer

датчик программы, программный датчик

↑*Zeitplansteuerung.*

Zeitplanregelung   program control

программное управление

Ist bei einer ↑*Regelung* die *Führungsgröße w*
eine Funktion der Zeit $w = w(t)$, so wird die
Regelung *Zeitplanregelung* genannt. Die *Führungsgröße w(t)* folgt einem Zeitplan, der von
dem technologischen Prozeß abhängig ist, der
geregelt wird.

Zeitplansteuerung *s.* Zeitplanregelung

Bei einer *Zeitplansteuerung* ist die gesteuerte
Größe durch einen *Zeitplan* eindeutig bestimmt. Die Steuereinrichtung hat einen *Zeitplangeber*, der den Zeitplan speichert und
realisiert, als Eingangsglied.
Der Zeitplangeber wird durch ein Auslösesignal gestartet.
Beispiel: Steuerung eines von vornherein als
Zeitplan festliegenden Verlaufs eines chemischen Prozesses durch eine Kurvenscheibe
(Zeitplangeber), die nach ihrem Starten mit
konstanter Geschwindigkeit rotiert.
Andere Einteilungsmerkmale für Steuerungen
führen zu ↑*Führungssteuerungen* und ↑*Ablaufsteuerungen.*

Zeitprozentkennwertverfahren

способ характеристики времени в
процентном выражении

Verfahren zur Ermittlung von Kennwerten
von ↑*Übertragungsgliedern* aus experimentell
aufgenommenen ↑*Übergangsfunktionen (↑Kenn-
wertermittlung)* durch Parallelkonstruktion
[34].

Zweifachregelung

регулирование двух параметров, од-
новременное регулирование двух
объектов

↑*Mehrfachregelung* von zwei Regelgrößen, die
über die Regelstrecke miteinander gekoppelt
sind [6].

Zweilaufglied

Die ↑*Reihenschaltung* eines ↑*Dreipunktgliedes*
und eines ↑*I-Gliedes* wird *Zweilaufglied* genannt (Bild).

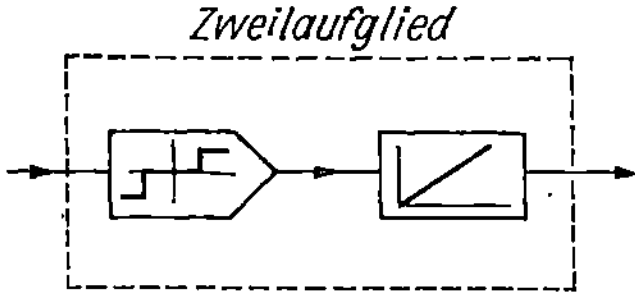

Durch ↑*Rückführungen* lassen sich aus Zwei-
laufgliedern P-, I-, PI-, PD- oder PID-ähnliche
Glieder aufbauen.
Zweilaufglieder haben eine große technische
Bedeutung, da eine Zusammenschaltung von
Dreipunktglied und eines Stellmotors ein
Zweilaufglied ergibt (zwei Laufrichtungen).

Zweipunktglied

two-step element, on-off element

двухпозиционный элемент
↑*Mehrpunktglied.*

Zweipunktregelung

two-step control, bang-bang servo, on-off
   control

двухпозиционное регулирование

Zweipunktregelungen sind *Regelungen*, bei
denen das Arbeitsverhalten durch ein ↑*Zweipunktglied* bestimmt wird. Im Bild a ist ein
Zweipunktregelkreis dargestellt. In *F* sind
alle *linearen* Teile des Regelkreises zusammengefaßt. Der stationäre Gleichgewichtszustand
einer Zweipunktregelung ist eine Arbeitsbewegung, deren zeitlicher Verlauf von der
Struktur der Regelstrecke abhängig ist. Die
Arbeitsbewegung wird durch folgende Größen
charakterisiert, die im Bild b eingezeichnet
sind.

2A Schwankungsbreite: Differenz zwischen
    dem höchsten und niedrigsten Wert der
    Arbeitsbewegung

T Schwingungsdauer (Periode)

$\bar{x}_B$ mittlere †*bleibende Regelabweichung*

$$\bar{x}_B = \bar{x} - X_s$$

Dabei sind X_s Sollwert und

$$\bar{X} = \frac{1}{T} \int_{t_1}^{t_1+T} x(t)\,dt \qquad \text{(Mittelwert einer}$$

Periode)

Die Stellgröße einer Zweipunktregelung wird durch Schaltsprünge ΔY charakterisiert (Bild c).

Zweipunktregelungen sind häufig angewandte Regelungen, da sie sich mit relativ niedrigen Kosten realisieren lassen, z.B. mit *Meßwerk-reglern* [7].

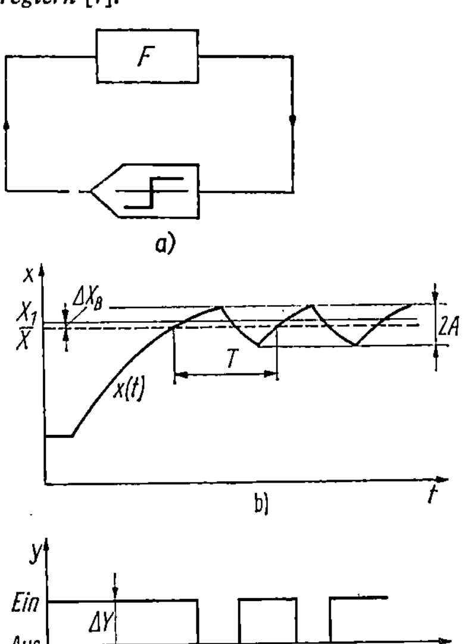

Kodewort				Wert
O	O	O	O	0
O	O	O	L	1
O	O	L	L	2
O	O	L	O	3
O	L	L	O	4
O	L	L	L	5
O	L	O	L	6
O	L	O	O	7
L	L	O	O	8
L	L	O	L	9
L	L	L	L	10
L	L	L	O	11
L	O	L	O	12
L	O	L	L	13
L	O	O	L	14
L	O	O	O	15

Zyklisch permutierter Kode

циклически подставленный код

Bei mechanischen *Analog/Digital-Umsetzern* (Kodescheiben, Kodeschienen) tritt häufig das Problem auf, daß der Übergang von einem Kodewort zu seinem benachbarten nicht für alle Bits exakt *gleichzeitig* realisiert werden kann. Um insbesondere bei extrem langsamen Übergängen unsinnige Zwischenergebnisse auszuschließen, sind Kodes entwickelt worden, die die Eigenschaft haben, daß benachbarte Kodewörter sich in *genau* einem Bit unterscheiden. Dadurch wird erreicht, daß der Übergang von einem signalisierten Zahlwert zu einem der Nachbarwerte durch die Werteänderung *eines* Informationsparameters bereits vollzogen werden kann. Insbesondere bei Kodescheiben muß gefordert werden, daß diese Eigenschaft in zyklischer Weise gilt, d.h., daß das Kodewort des höchsten dargestellten Wertes sich von dem kleinsten dargestellten Wert ebenfalls nur in einem Bit unterscheidet.

Das Bild zeigt ein Beispiel für einen derartigen zyklisch permutierten Kode (Graykode für 4stellige Kodewörter).

A

absence of feedback	Rückwirkungsfreiheit	однонаправленность
active element	aktives Glied	активный элемент
actual value	Istwert	действительное значение, фактическая величина
adaptive system	adaptives System	адаптивная система
adder	Additionsglied	суммирующий блок
adjusted value	Ausgleichswert	величина компенсации
adjusting range	Stellbereich	пределы регулирования
Aiken code	Aikenkode	код Эйкена
amplifier	Verstärker	усилитель
amplitude characteristic	Amplitudenkennlinie	амплитудная характеристика
amplitude frequency response	Amplitudengang	амплитудно-частотная характеристика
amplitude margin	Amplitudenrand	фронт амплитуды
amplitude modulation	Amplitudenmodulation	амплитудная модуляция
analog computer	Analogrechner	вычислительная аналоговая машина
analog-digital converter	A/D-Umsetzer, A/D-Wandler	аналогово-цифровой преобразователь
analog signal	analoges Signal	аналоговый сигнал
analog technique	Analogtechnik	аналоговая техника
analyse of control	Analyse einer Steuerung (Regelung)	анализ системы управления (регулирования)
AND-element	UND-Glied	элемент И, схема И
attenuation	Dämpfung	затухание, демпфирование, успокоение
automatic control	selbsttätige Steuerung	автоматическое управление
automatic control	automatische Steuerung	автоматическая система управления, автоматическое управление
automatic control system	Regelanlage	регулирующая установка, установка регулирования
automatic controller	Regler	регулятор
automatic regulation	selbsttätige Regelung	автоматическое регулирование
automatic regulation	automatische Regelung	автоматическая система регулирования, автоматическое регулирование
auxiliary attachment	Hilfseinrichtung	вспомогательное устройство
availlable signal codes	Signalvorrat	запас (избыток) сигнала
axcess-three code	Stibitzkode	код Стибица

B

backlash	Lose	величина (партия) серии
backward-acting control	Rückwärtsregelung	обратное регулирование
bang-bang control	Schwarz-Weiß-Regelung	черно-белое регулирование
bang-bang regulation	Ein-Aus-Regelung	двухпозиционное регулирование, регулирование по принципу «включено-выключено»
bang-bang servo	Zweipunktregelung	двухпозиционное регулирование
bidecimal-code	dezimal-binärer Kode	двоично-десятичный код
binary code	Binärkode	двоичный (бинарный) код
binary code	Dualkode	двоичный (бинарный) код
binary elementary unit	binäres Elementarglied	элементарное бинарное звено
binary number system	binäres Schaltsystem	бинарная система
binary signal	binäres Signal	бинарный сигнал
bit	Bit	бит
block	Block	блок
Bode diagram	Bodediagramm	диаграмма Боде
Bode diagram	logarithmisches Frequenzbild	логаритмическая схема частоты, диаграмма Боде
Boolean algebra	Schaltalgebra	схемная алгебра, алгебра Буля
Boolean algebra	Boolsche Algebra	алгебра Буля
branching	Verzweigungsstelle	точка разветвления

C

cascade control system	Kaskadenregelung	каскадное регулирование, система каскадного регулирования
characteristic	Kennlinie	характеристика
check bit	Prüfbit	контрольный бит
check of parity	Paritätsprüfung	контроль паритета
climate control	Klimaregelung	система кондиционирования воздуха
closed-loop gain	Kreisverstärkung	усиление замкнутого шлейфа
code	Kode	код
code word	Kodewort	кодовое слово
coding	Kodierung	кодирование
coding	Verschlüsselung	кодирование, шифрование
command signal	Befehlssignal	командный сигнал

comparing element	Vergleichsglied	орган сравнения, сравнивающее устройство
compensation method	Kompensationsverfahren	способ компенсации
computing element	Rechenglied	решающий элемент
conjunction	Konjunktion	конъюнкция
conjunction element	Konjunktionsglied	элемент конъюнкции
constant value control	Festwertregelung	регулирование для стабилизации параметра
continuous signal	kontinuierliches Signal	непрерывный сигнал
continuous signal	stetiges Signal	непрерывный сигнал
control/to	regeln	регулировать
control	Regelung	регулирование, система регулирования
control	Steuerung	управление, система управления
control	Steuern	управление
control area	Regelfläche	площадь регулирования
control centre	Meßwarte	контрольно-измерительный пункт (щит)
control chain	Steuerkette	цепь управления
control deviation	Regelabweichung	отклонение регулируемой величины
control equipment	Regeleinrichtung	регулирующее устройство
control factor	Regelfaktor	коэффициент регулирования
control frequency response	Führungsfrequenzgang	управляющее воздействие
control loop	Regelkreis	контур (цепь) регулирования
control object	Steuerstrecke	объект управления
control object	Steueranlage	управляющая установка
control path	Signalflußweg	тракт прохождения сигнала
control path	Wirkungsweg	линия управления
control problem	Steuerungsaufgabe	задание управления
control range	Regelbereich	диапазон (пределы) регулирования
control timer	Zeitplangeber	датчик программы, программный датчик
controlled condition	Regelgröße	регулируемая величина
controlled plant	geregelte Anlage	регулируемая установка
controlled plant	gesteuerte Anlage	управляемая установка
controlled system	Steuerstrecke	объект управления
controlled system	Regelstrecke	объект регулирования
controlled variable	gesteuerte Größe	управляемая величина
controlling range	Stellbereich	пределы регулирования
converter	Umsetzer	преобразователь
converter	Wandler	преобразователь
converter	Umformer	преобразователь, конвертер

correcting condition	Stellgröße	регулирующая величина
correcting unit	Stellglied	регулирующий (исполнительный) орган
correction time	Anregelzeit	время действия регулятора
correction time	Ausregelzeit	время действия регулятора, время регулирования
correlation	Korrelation	корреляция
critical point	kritischer Punkt	критическая точка
c_v-coefficient value	k_v-Wert	величина пропускной способности $к_v$

D

damp response	Anstiegsantwort	реакция на линейное воздействие
data acquisition	Meßwerterfassung	получение (сбор) измеряемых величин
data logger	Datalogger	прибор регистрации данных
data logging	Meßwerterfassung	получение (сбор) измеряемых величин
dead time	Totzeit	время запаздывания
dead time element	Totzeitglied	элемент времени запаздывания
decoupling	Entkopplung	развязка
delay-time	Verzugszeit	время запаздывания
derivative action time	Differentialzeit	дифференциальное время
desired value	Sollwert	заданное значение, задание
desired value	Istwert	действительное значение, фактическая величина
detecting element	Meßfühler	измерительный элемент
deviation ratio	Abweichungsverhältnis	коэффициент (отношение) отклонения
digital-analog converter	D/A-Umsetzer, D/A-Wandler	дискретно-аналоговый преобразователь
digital computer	Digitalrechner	вычислительная цифровая машина
digital control	digitale Regelung	цифровое регулирование, цифровая система регулирования
digital control	digitale Steuerung	цифровая система управления, цифровое управление
digital-digital converter	D/D-Umsetzer, D/D-Wandler	дискретно-дискретный преобразователь
digital signal	digitales Signal	цифровый сигнал

digital technique	Digitaltechnik	цифровая техника
dimension of a signal	Dimension eines Signals	размерность сигнала
direct code	direkter Kode	прямой код
direct digital control	DDC-Regelung	прямое цифровое регулирование
direct storage access	DSA-Technik	
directing	Steuern	управление
directing	Steuerung	управление, система управления
direction of action	Wirkungsrichtung	направление действия
director	Sollwertgeber	задатчик, задающее устройство
discontinuous regulator	unstetiger Regler	регулятор прерывистого действия
discontinuous signal	unstetiges Element	прерывистый сигнал
discontinuous signal	diskontinuierliches Signal	прерывистый сигнал
discrete modulation	diskrete Modulation	дискретная модуляция
discrete signal	diskretes Signal	дискретный сигнал
disjunction	Disjunktion	лисъюнкция
disjunction unit	Disjunktionsglied	разделительный элемент
disturbance range	Störbereich	диапазон паразитных воздействий
disturbance response	Störverhalten	характеристика возмущающих восдействий
disturbance variable	Störgröße	возмущающее воздействие
double-throw gate	Umschalttor	ключевая схема переключения
drift	Drift	дрейф
drop-out value	Abfallwert	величина отпадания (отпускания)
dynamic control factor	dynamischer Regelfaktor	динамический коэффициент регулирования

E

elastic feedback	nachgebende Rückführung	гибкая обратная связь
element	Glied	звено, элемент, член
element	Bauglied	элемент конструкции, модуль
element with self-regulation	Glied mit Ausgleich	звено с компенсацией выравниванием
element without self-regulation	Glied ohne Ausgleich	звено без компенсации выравнивания
equipment	Einrichtung	устройство
error detection	Fehlererkennung	обнаружение ошибки (погрешности)
error of quantization	Quantisierungsfehler	погрешность квантования

excess-three code	Dreiexzeßkode	код с избытком три
external storage	externer Speicher	периферийная память
extremal control	Extremwertregelung	экстремальная система регулирования

F

feedback	Rückführzweig	плечо обратной связи
feedback	Feedback	обратная связь
feedback circuit	Rückführschaltung	схема обратной связи
feedback control problem	Regelungsaufgabe	задание регулирования
feedback signal	Rückführsignal	сигнал обратной связи
feedforward control	Störgrößenaufschaltung	включение паразитных величин
flipflop	Flip-Flop	опрокидивающая схема
forward-acting regulation	Vorwärtsregelung	опсрежающее регулирование
forward control	Vorwärtsregelung	опережающее регулирование
frequency characteristic	Frequenzkennlinie	частотная характеристика
frequency modulation	Frequenzmodulation	частотная модуляция
frequency response	Frequenzgang	частотная характеристика
functional modul	Funktionsgruppe	функциональный узел
functional modul	Funktionseinheit	функциональный блок
functional modul	Funktionselement	функциональный элемент

G

gate	Schaltkreis	коммутационный контур
gate	Gatter	функциональная схема
gate element	Torglied	элемент ключевой схемы
Gray-code	Graykode	код Грейя

H

hand adjustment set	Handeinsteller	устройство ручной установки
hand operation	Handsteuerung	ручное управление
hardware	Hardware	оснастка, аппаратура
hoop drop relay	Fallbügelregler	регулятор с падающей дужкой
hysteresis	Hysterese	гистерезис

I

identification	Kennwertermittlung	определение характеристик
implementation	gerätetechnische Betrachtung	приборотехническое рассмотрение
impulse function	Nadelfunktion	игольчатая функция
impulse response	Stoßantwort	ответный импульсный сигнал
index value	Sollwert	заданное значение, задание
index value	Führungsgröße	задающая величина
information	Information	информация
information carrier	Informationsträger	носитель информации
information parameter	Informationsparameter	параметр информации
information processing	Informationsverarbeitung	переработка (обработка) информации
information supply	Informationsvorrat	запас информации
input signal	Eingangssignal	входной сигнал
instability	Instabilität	нестабильность
installation	Einrichtung	устройство
integral action time	Integralzeit	время интеграла
integral transfer factor	integraler Übertragungsfaktor	интегральный коэффициент передачи
integrating element	I-Glied	интегрирующее звено, интегрирующий орган
internal storage	interner Speicher	внутренняя память, внутренний запоминающий блок
inverse locus of points	inverse Ortskurve	инверсная локус-диаграмма, кривая геометрического места точек

J

| junction | Verzweigungsstelle | точка разветвленля |

L

lag-element	Verzögerungsglied	замедляющее звено, элемент запаздывания
lagged feedback	verzögernde Rückführung	замедляющая обратная связь
level of automation	Automatisierungsgrad	степень автоматизации
limit cycle	Dauerschwingung	незатухающие колебания
linear approximation	lineare Näherung	линейное приближение

linear transfer circuit	lineares Übertragungsglied	линейный элемент передачи
link	Glied	звено, элемент, член
logic elements	logische Glieder	элементы логики, логические элементы
logical circuit module	logisches Verknüpfungselement	элемент логической связи

M

manual control	Handregelung	ручное регулирование
mapping value	Abbildungsgröße	естественная выходная величина
measuring amplifier	Meßverstärker	измерительный усилитель
measuring signal	meßwertabhängiges Signal	сигнал, зависящий от измеряемой величины
measuring transformer	Meßwandler	измерительный преобразователь
measuring unit	Meßeinrichtung	датчик, измерительный прибор
model control system	Modellregelkreis	моделированный контур регулирования, модель объекта регулирования
modulation	Modulation	модуляция
motor element	Stellantrieb	исполнительный механизм
multi-position signal	Mehrpunktsignal	мноиоточечный сигнал
multi-step signal	Mehrpunktsignal	мноноточеный сигнал
multi-variable control	Mehrgrößenregelung	система регулирования нескольких величин
multiple control	Mehrfachregelung	одновременное регулирование нескольких объектов
multiple signal	mehrstelliges Signal	многомерный сигнал

N

NAND-element	NAND-Glied	элемент И-НЕ
natural frequency	Eigenfrequenz	собственная частота, частота собственных колебаний
natural oscillation	Eigenschwingung	автоколебание, собственные колебания
needle function	Nadelfunktion	игольчатая функция
negation	Negation	отрицание

negative feedback	Gegenkopplung	отрицательная обратная связь
negative feedback	negative Rückführung	отрицательная обратная связь
non-linear control	nichtlineare Regelung	система нелинейного регулирования
non-linear element	nichtlineares Übertragungsglied	нелинейный элемеит передачи
NOR-element	NOR-Glied	элемент ИЛИ-НЕ
NOT-element	NICHT-Glied	элемент НЕ
NOT-gate	Negator	схема НЕ
numerical control	numerische Steuerung	цифровое управление
Nyquist criterion	Nyquist-Kriterium	критерий Найквиста
Nyquist plot	Ortskurve des Frequenzganges	локус-диаграмма частотной характеристики

O

object	gesteuerte Anlage	управляемая установка
object	geregelte Anlage	регулируемая установка
offset	bleibende Regelabweichung	установившаяся ошибка регулирования
offset ratio	Abweichungsverhältnis	коэффициент (отношение) оиклонения
on-off control	Zweipunktregelung	двухпозиционное регулирование
on-off element	Zweipunktglied	двухпозиционный элемент
open loop	aufgeschnittener Regelkreis	разомкнутая система регулирования
open loop control	Steuern	управление
open loop control	Steuerung	управление, система управления
operating control	Ablaufsteuerung	цуограммное управление по состоянию прохождения процесса
operating range	Regelbereich	диапазон (пределы) регулирования
OR-element	ODER-Glied	элемент ИЛИ
output signal	Ausgangssignal	выходной сигнал
output unit	Ausgabeglied	звено вывода, элемент выдачи
overlap	Hysterese	гистерезис
overshoot	Überschwungweite	амплитуда выноса, максимальное отклонение

parallel connection	Parallelschaltung	параллельная схема
parallel signal	Parallelsignal	параллельный сигнал
parasitic frequency response	Störfrequenzgang	характеристика частоты помех
parity bit	Prüfbit	контрольный бит
passive element	passives Glied	пассивный элемент
P-controler	Proportional-Regeleinrichtung	пропорциональный регулятор, П-регулятор
phase curve	Phasenkennlinie	фазовая характеристика
phase margin	Phasenrand	запас по фазе, избыток фазы
phase modulation	Phasenmodulation	фазовая модуляция
phase plan	Phasenebene	фазовая плоскость
phase response	Phasengang	фазовая характеристика
pick-up value	Ansprechwert	порог чувствительности, параметр срабатывания
positioner	Positioner	позиционер
positive feedback	positive Rückführung	положительная обратная связь
positive feedback	Mitkopplung	положительная обратная связь
power-assisted control	nichtselbsttätige Steuerungen	непрямое управление, система непрямого регулирования
power-assisted control	nichtselbsttätige Regelung	непрямое регулирование, система непрямого регулированя
predictor	Prädiktor	предсказывающее устройство
priority	Vorrangsteuerung	приоритетное управление
process	Prozeß	процесс
process computer	Prozeßrechner	вычислительное устройство процессов
process control	Prozeßsteuerung	управление процессом
process control	Verfahrensregelung	регулирование технологического процесса
process-control computer	Prozeßrechner	вычислительное устройство процессов
process equipment	Steuereinrichtung	управляющее устройство
process instrumentation and control engineering	BMSR-Technik	техника измерения, управления и регулирования производственных процессов
processing of measured data	Meßwertverarbeitung	переработка (обработка) измеряемых величин
program	Programm	программа

program control	Programmregelung	программное регулирование
program control	Zeitplanregelung	программное управление
program control	Programmsteuerung	программное управление
proportional band	Proportionalbereich	зона пропорциональности
proportional transfer factor	proportionaler Übertragungsfaktor	пропорциональный коэффициент передачи
pulse amplitude modulation	Pulsamplitudenmodulation (PAM)	амплитудно-импульсная модуляция (АИМ)
pulse frequency modulation	Pulsfrequenzmodulation (PFM)	модуляция частоты импульсов (ЧИМ)
pulse-length modulation	Pulslängenmodulation (PLM)	импульсьная модуляция по длительности (ДИМ)
pulse-phase modulation	Pulsphasenmodulation	фазовая импульсная модуляция

Q

| quality factor | Gütekriterien | критерий качества регулирования |

R

ramp function	Rampenfunktion	пилообразная ступенчатая функция
rate factor	differentieller Übertragungsfaktor	дифференциальный коэффициент передачи
rate time	Vorhaltzeit	время предварения (упреждения)
rate time element	Vorhaltglied	звено предварения (упреждения)
ratio control	Verhältnisregelung	регулирование соотношения
redundancy	Redundanz	избыточность
regulate/to	stellen	регулировать
regulating speed	Stellgeschwindigkeit	скорость регулирования
regulator	Regler	регулятор
remote control	Fernsteuerung	телеуправление, дистанционное управление
response sensitivity	Ansprechempfindlichkeit	порог чувствительности

S

| sampled-data control | getastete Regelung | импульсное регулирование |
| sampled-data control | Abtastregelung | система с обратной связью дискретных данных |

sampling element	Abtastglied	элемент развертки
sampling period	Tastperiode	период зондирования (манипулирования)
saturation	Sättigung	насыщенность, насыщение
self-adapting system	selbstanpassendes System	самонастраивающаяся система
self-adjusting system	selbsteinstellendes System	самоустанавливающаяся (самоприспосабливающаяся) система
self-oscillation	Eigenschwingung	автоколебание, собственные колебания
self-regulation	selbsttätige Regelung	автоматическое регулирование
self-regulation	automatische Regelung	автоматическая система регулирования, автоматическое регулирование
sequence term	Folgeglied	следящее звено, следящий элемент
sequential control	Folgeregelung	следящее регулиуование
sequential control	Folgesteuerung	следящее управление
sequential switching system	sequentielles Schaltsystem	система последовательного включения
serial connection	Serienschaltung	последовательная схема
series connection	Serienschaltung	последовательная схема
series connection	Reihenschaltung	последовательная (сериесная) схема
series signal	Seriensignal	последовательный сигнал
servo control	Nachlaufregelung	следящее регулирование, система следящего регулирования
servo drive	Stellantrieb	исполнительный механизм
set point	Sollwert	заданное значение, задание
set-up error	maximale Regelabweichung	максимальное отклонение регулируемой величины
set value	Führungsgröße	задающая величина
settling time	Anregelzeit	время действия регулятора
settling time	Ausregelzeit	время дейгтвия регулятора, время регулирования
settling time	Einschwingzeit	время переходного процесса
settling time	Nachstellzeit	время изодрома
settling time	Stellzeit	время регулирования (перестановки)

signal	Signal	сигнал
signal amplifier	Meßverstärker	измерительный усилитель
signal carrier	Signalträger	носитель сигнала
signal flow diagram	Signalflußplan	схема прохождения сигнала
signal handling	Signalverarbeitung	обработка сигнала
signal value	Signalwert	величина (значение) сигнала
signal variable	Signalvariable	переменная сигнала
software	Software	средства программирования
stability	Stabilität	стабильность
stability limit	Stabilitätsgrenze	предел стабильности (устойчивости)
static characteristic	statische Kennlinie	статическая характеристика
steady-state condition	Beharrungszustand	установившийся режим
steady-state error	bleibende Regelabweichung	установившаяся ошибка регулирования
step function	Übergangsfunktion	переходная функция
step response	Sprungantwort	передаточная (скачкообразная) функция
stochastic disturbation	stochastische Störung	стохастическое возмущение
storage	Speicher	запоминающее устройство, память
structural instability	Strukturinstabilität	нестабильность структуры
summing point	Additionsstelle	точка суммиуования
symmetric code	symmetrischer Kode	симметричный код
system	System	система
switch-off gate	Ausschalttor	ключевая схема выключения
switch-on gate	Einschalttor	ключевая схема включения
switching algebra	Schaltalgebra	схемная алгебра, алгебра Буля
switching circuit	Schaltkreis	коммутационный контур
switching function	Schaltfunktion	коммутационная функция, функция включения

T

telecontrol engineering	Fernwirktechnik	телемеханика
term	Glied	звено, элемент, член
ternary code	ternärer Kode	тернарный код
tetrade	Tetrade	тетрада
time constant	Zeitkonstante	постоянная времени

time emitter	Zeitplangeber	датчик программы, программный датчик
timer	Zeitplangeber	датчик программы, программный датчик
timer	Zeitglied	элемент запаздывания (задержки)
timing element	Zeitglied	элемент запаздывания (задержки)
total time constant	Summenzeitkonstante	суммарная постоянная времени
transducer	Meßumformer	измерительный преобразователь
transducer	Meßwandler	измерительный преобразователь
transfer circuit	Übertragungsglied	элемент передачи, передающее звено
transfer factor	Übertragungsfaktor	коэффициент передачи
transfer function	Übertragungsfunktion	функция передачи, передаточная функция
transfer locus	Ortskurve des Frequenzganges	локус-диаграмма частотной характеристики
transformer	Wandler	преобразователь
transient function	Übergangsfunktion	переходная функция
transient response	Einschwingverhalten	переходный процесс
transmitter	Transmitter	передатчик, преобразователь измеряемой величины
two-step control	Zweipunktregelung	двухпозиционное регулирование
two-step element	Zweipunktglied	двухпозиционный элемент

U

| unit-step function | Einheitssprung | единичный скачок, единичная функция |

V

| variable | regellose Größe | статическая величина |
| variable feedback | nachgebende Rückführung | гибкая обратная связь |

W

| warm-up value | Anlaufwert | обратная величина скорости изменения регулируемой величины |
| weighting function | Gewichtsfunktion | весовая функция |

90

A

автоколебание	Eigenschwingung	natural oscillation, self-oscillation
АИМ с. амплитудно-импульсная модуляция		
алгебра Буля	Boolsche Algebra	Boolean algebra
алгебра Буля	Schaltalgebra	Boolean (switching) algebra
алгебра/схемная	Schaltalgebra	Boolean (switching) algebra
амплитуда выноса	Überschwungweite	overshoot
анализ системы управления (регулирования)	Analyse einer Steuerung (Regelung)	analyse of control
аппаратура	Hardware	hardware

Б

база кодов	Kodebasis	
бит	Bit	bit
бит/контрольный	Prüfbit	parity (check) bit
блок	Block	block
блок/внутренний запоминающий	interner Speicher	internal storage
блок/суммирующий	Additionsglied	adder
блок/функциональный	Funktionseinheit	functional modul

В

величина компенсации	Ausgleichswert	adjusted value
величина отпадания	Abfallwert	drop-out value
величина отпускания	Abfallwert	drop-out value
величина пропускной способности $к_v$	k_v-Wert	c_v-coefficient value
величина серии	Lose	backlash
величина сигнала	Signalwert	signal value
величина/естественная выходная	Abbildungsgröße	mapping value
величина/задающая	Führungsgröße	set value, index value
величина скорости изменения регулируемой величины/обратная	Anlaufwert	warm-up value
величина/регулируемая	Regelgröße	controlled condition
величина/регулируемая вспомогательная (вспомогательная)	Hilfsstellgröße	
величина/регулирующая	Stellgröße	correcting condition

величина/статическая | regellose Größe | variable
величина/управляемая | gesteuerte Größe | controlled variable
величина/фактическая | Istwert | actual value, desired value
виды рассмотрения | Arten der Betrachtung |
включение паразитных величин | Störgrößenaufschaltung | feedforward control
воздействие/возмущающее | Störgröße | disturbance variable
воздействие/управляющее | Führungsfrequenzgang | control frequency response
возмущение/стохастическое | stochastische Störung | stochastic disturbation
время выравнивания | Ausgleichszeit |
время-действия регулятора | Anregelzeit | settling time, correction time
время действия регулятора | Ausregelzeit | settling time, correction time
время запаздывания | Verzugszeit | delay-time
время запаздывания | Totzeit | dead time
время изодрома | Nachstellzeit | settling time
время интеграла | Integralzeit | integral action time
время компенсирования | Ausgleichszeit |
время перестановки | Stellzeit | settling time
время переходного процесса | Einschwingzeit | settling time
время предварения | Vorhaltzeit | rate time
время регулирования | Ausregelzeit | settling time, correction time
время регулирования | Stellzeit | settling time
время упреждения | Vorhaltzeit | rate time
время/дифференциальное | Differentialzeit | derivative action time
вход контура регулирования | Stellort des Regelkreises |
вход цепи управления | Stellort der Steuerkette |
выключатель/ручной и автоматический | Hand-Automatik-Schalter |

Г

гистерезис | Hysterese | overlap, hysteresis

Д

датчик | Meßeinrichtung | measuring unit
датчик программы | Zeitplangeber | time emitter, [control] timer
датчик/программный | Zeitplangeber | time emitter, [control] timer
демпфирование | Dämpfung | attenuation

диаграмма Боде	logarithmisches Frequenz- bild	Bode diagram
диаграмма Боде	Bodediagramm	Bode diagram
диапазон паразитных воздействий	Störbereich	disturbance range
диапазон регулирования	Regelbereich	control (operating) range
ДИМ с. импульсная модуляция по длительности		
дисъюнкция	Disjunktion	disjunction
дрейф	Drift	drift

З

задание	Sollwert	desired (index) value, set point
задание регулирования	Regelungsaufgabe	feedback control problem
задание управления	Steuerungsaufgabe	control problem
задатчик	Sollwertgeber	director
запас информации	Informationsvorrat	information supply
запас сигнала	Signalvorrat	availlable signal codes
запас по фазе	Phasenrand	phase margin
затухание	Dämpfung	attenuation
звено	Glied	element, link, term
звено без компенсации выравнивания	Glied ohne Ausgleich	element without self-regulation
звено вывода	Ausgabeglied	output unit
звено предварения	Vorhaltglied	rate time element
звено с компенсацей выравниванием	Glied mit Ausgleich	element with self-regulation
звено с статической характеристикой	Glied mit statischer Kennlinie	
звено упреждения	Vorhaltglied	rate time element
звено/замедляющее	Verzögerungsglied	lag-element
звено/интегрирующее	I-Glied	integrating element
звено/передающее	Übertragungsglied	transfer circuit
звено/следящее	Folgeglied	sequence term
звено/элементарное бинарное	binäres Elementarglied	binary elementary unit
знак умножения	Multiplikationsstelle	
значение сигнала	Signalwert	signal value
значение/действительное	Istwert	actual value, desired value
значение/заданное	Sollwert	desired (index) value, set point
зона пропорциональности	Proportionalbereich	proportional band

И

избыток сигнала	Signalvorrat	available signal codes
избыток фазы	Phasenrand	phase margin
избыточность	Redundanz	redundancy
интервал кодовых слов	Kodewortabstand	
информация	Information	information
искрозащищенность	Eigensicherheit	
исследование технологического процесса	Verfahrensuntersuchung	

К

код	Kode	code
код Грейя	Graykode	Gray-code
код с избытком три	DreiexzeßKode	excess-three code
код Стибица	Stibitzkode	axcess-three code
код Эйкена	Aikenkode	Aiken code
код/бинарный	Binärkode	binary code
код/бинарный	Dualkode	binary code
код/двоично-десятичный	dezimal-binärer Kode	bidecimal-code
код/двоичный	Binärkode	binary code
код/двоичный	Dualkode	binary code
код/прямой	direkter Kode	direct code
код/симметричный	symmetrischer Kode	symmetric code
код/тернарный	ternärer Kode	ternary code
код/циклически подставленный	zyklisch permutierter Kode	
кодирование	Verschlüsselung	coding
кодирование	Kodierung	coding
колебания/незатухающие	Dauerschwingung	limit cycle
колебания/собственные	Eigenschwingung	natural oscillation, self-oscillation
конвертер	Umformer	converter
контроль паритета	Paritätsprüfung	check of parity
контроль технологического процесса	Verfahrensuntersuchung	
контур регулирования	Regelkreis	control loop
контур/коммутационный	Schaltkreis	gate, switching circuit
контур регулирования/моделированный	Modellregelkreis	model control system
конъюнкция	Konjunktion	conjunction
конъюнкция/элементарная	Elementarkonjunktion	
корреляция	Korrelation	correlation
коэффициент отклонения	Abweichungsverhältnis	deviation ratio, offset ratio
коэффициент передачи	Übertragungsfaktor	transfer factor
коэффициент регулирования	Regelfaktor	control factor

коэффициент регулирования/динамический	dynamischer Regelfaktor	dynamic control factor
коэффициент передачи/дифференциальный	differentieller Übertragungsfaktor	rate factor
коэффициент передачи/интегральный	integraler Übertragungsfaktor	integral transfer factor
коэффициент передачи/пропорциональный	proportionaler Übertragungsfaktor	proportional transfer factor
кривая геометрического места точек	inverse Ortskurve	inverse locus of points
критерий качества регулирования	Gütekriterien	quality factor
критерий Найквиста	Nyquist-Kriterium	Nyquist criterion

Л

линия управления	Wirkungsweg	control path
локус-диаграмма частотной характеристики	Ortskurve des Frequenzganges	transfer locus, Nyquist plot
локус-диаграмма/инверсная	inverse Ortskurve	inverse locus of points
локус-диаграмма/отрицательная	negative Ortskurve	

М

машина/вычислительная аналоговая	Analogrechner	analog computer
машина/вычислительная цифровая	Digitalrechner	digital computer
метод измерения по отклонению стрелки	Ausschlagsverfahren	
метод силовой компенсации	Kraftkompensationsverfahren	
механизм/исполнительный	Stellantrieb	motor element, servo drive
модель объекта регулирования	Modellregelkreis	model control system
модуль	Bauglied	element
модуляция	Modulation	modulation
модуляция частоты импульсов (ЧИМ)	Pulsfrequenzmodulation (PFM)	pulse frequency modulation
модуляция/амплитудная	Amplitudenmodulation	amplitude modulation
модуляция/амплитудно-импульсная (АИМ)	Pulsamplitudenmodulation (PAM)	pulse amplitude modulation
модуляция/дискретная	diskrete Modulation	discrete modulation
модуляция по длительности/импульсная (ДИМ)	Pulslängenmodulation (PLM)	pulse-length modulation

модуляция/фазовая им- пульсная	Pulsphasenmodulation	pulse-phase modulation
модуляция/фазовая	Phasenmodulation	phase modulation
модуляция/частотная	Frequenzmodulation	frequency modulation

Н

направление действия	Wirkungsrichtung	direction of action
насыщение	Sättigung	saturation
насыщенность	Sättigung	saturation
нестабильность	Instabilität	instability
нестабильность струк- туры	Strukturinstabilität	structural instability
носитель информации	Informationsträger	information carrier
носитель сигнала	Signalträger	signal carrier

О

обнаружение ошибки	Fehlererkennung	error detection
обнаружение погреш- ности	Fehlererkennung	error detection
обозначение передающих элементов	Kennzeichnung von Über- tragungsgliedern	
обработка измеряемых величин	Meßwertverarbeitung	processing of measured data
обработка информации	Informationsverarbeitung	information processing
обработка сигнала	Signalverarbeitung	signal handling
объект регулирования	Regelstrecke	controlled system
объект управления	Steuerstrecke	control object, controlled system
однонаправленность	Rückwirkungsfreiheit	absence of feedback
определение характерис- тик	Kennwertermittlung	identification
орган сравнения	Vergleichsglied	comparing element
орган/интегрирующий	I-Glied	integrating element
орган/исполнительный	Stellglied	correcting unit
орган/регулирующий	Stellglied	correcting unit
оснастка	Hardware	hardware
основание кодов	Kodebasis	
отклонение регулируе- мой величины	Regelabweichung	control deviation
отклонение/максималь- ное	Überschwungweite	overshoot
отклонение регулируе- мой величины/макси- мальное	maximale Regelabweichung	set-up error
отношение отклонения	Abweichungsverhältnis	deviation ratio, offset ratio
отрицание	Negation	negation
ошибка регулирования/ установившаяся	bleibende Regelabweichung	offset, steady-state error

96

память	Speicher	storage
память/внутренняя	interner Speicher	internal storage
память/периферийная	externer Speicher	external storage
параметр информации	Informationsparameter	information parameter
параметр срабатывания	Ansprechwert	pick-up value
партия серии	Lose	backlash
передатчик	Transmitter	transmitter
переменная сигнала	Signalvariable	signal variable
переработка измеряемых величин	Meßwertverarbeitung	processing of measured data
переработка информации	Informationsverarbeitung	information processing
период зондирования	Tastperiode	sampling period
период манипулирования	Tastperiode	sampling period
плечо обратной связи	Rückführzweig	feedback
плоскость/фазовая	Phasenebene	phase plan
площадь регулирования	Regelfläche	control area
погрешность квантования	Quantisierungsfehler	error of quantization
позиционер	Positioner	positioner
получение измеряемых величин	Meßwerterfassung	data acquisition (logging)
порог чувствительности	Ansprechwert	pick-up value
порог чувствительности	Ansprechempfindlichkeit	response sensitivity
постоянная времени	Zeitkonstante	time constant
постоянная времени/суммарная	Summenzeitkonstante	total time constant
постоянная времени/эквивалентная	Ersatzzeitkonstante	
П-регулятор	Proportional-Regeleinrichtung	P-controler
предел стабильности	Stabilitätsgrenze	stability limit
предел устойчивости	Stabilitätsgrenze	stability limit
пределы регулирования	Regelbereich	control (operating) range
пределы регулирования	Stellbereich	adjusting (controlling) range
преобразователь	Umformer	converter
преобразователь	Umsetzer	converter
преобразователь	Wandler	converter, transformer
преобразователь измеряемой величины	Transmitter	transmitter
преобразователь/аналогово-цифровой	A/D-Umsetzer, A/D-Wandler	analog-digital converter
преобразователь/дискретно-аналоговый	D/A-Umsetzer, D/A-Wandler	digital-analog converter
преобразователь/дискретно-дискретный	D/D-Umsetzer, D/D-Wandler	digital-digital converter
преобразователь/измерительный	Meßwandler	transducer, measuring transformer

преобразователь/изме- рительный	Meßumformer	transducer
приближение/линейное	lineare Näherung	linear approximation
прибор/измерительный	Meßeinrichtung	measuring unit
прибор регистрации дан- ных	Datalogger	data logger
программа	Programm	program
процесс	Prozeß	process
процесс/переходный	Einschwingverhalten	transient response
пункт/контрольно-из- мерительный	Meßwarte	control centre

Р

развязка	Entkopplung	decoupling
размерность сигнала	Dimension eines Signals	dimension of a signal
рассмотрение/приборо- техническое	gerätetechnische Betrach- tung	implementation
рассмотрение/функцио- нальное	funktionelle Betrachtung	
реакция на линейное воз- действие	Anstiegsantwort	damp response
регулирование	Regelung	control
регулирование двух па- раметров	Zweifachregelung	
регулирование для ста- билизации параметра	Festwertregelung	constant value control
регулирование по прин- ципу «включено- выключено»	Ein-Aus-Regelung	bang-bang regulation
регулирование соотно- шения	Verhältnisregelung	ratio control
регулирование техноло- гического процесса	Verfahrensregelung	process control
регулирование/автомати- ческое	automatische Regelung	automatic regulation, self- regulation
регулирование/автомати- ческое	selbsttätige Regelung	self-regulation, automatic regulation
регулирование/двухпо- зиционное	Ein-Aus-Regelung	bang-bang regulation
регулирование/двух- позиционное	Zweipunktregelung	two-step control, bang-bang servo, on-off control
регулирование/задающее	Führungsregelung	
регулирование/импульс- ное	getastete Regelung	sampled-data control
регулирование/каскад- ное	Kaskadenregelung	cascade control system
регулирование/непрямое	nichtselbsttätige Regelung	power-assisted control
регулирование/обратное	Rückwärtsregelung	backward-acting control

регулирование двух объектов/одновременное	Zweifachregelung	
регулирование нескольких объектов/одновременное	Mehrfachregelung	multiple control
регулирование/опережающее	Vorwärtsregelung	forward-acting regulation, forward control
регулирование/программное	Programmregelung	program control
регулирование/прямое цифровое	DDC-Regelung	direct digital control
регулирование/ручное	Handregelung	manual control
регулирование/следящее	Folgeregelung	sequential control
регулирование/следящее	Nachlaufregelung	servo control
регулирование/цифровое	digitale Regelung	digital control
регулирование/черно-белое	Schwarz-Weiß-Regelung	bang-bang control
регулировать	regeln	to control
регулировать	stellen	to regulate
регулятор	Regler	automatic controller, regulator
регулятор прерывистого действия	unstetiger Regler	discontinuous regulator
регулятор с падающей дужкой	Fallbügelregler	hoop drop relay
регулятор/пропорциональный	Proportional-Regeleinrichtung	P-controler
режим/установившийся	Beharrungszustand	steady-state condition

С

сбор измеряемых величин	Meßwerterfassung	data acquisition (logging)
связь/гибкая обратная	nachgebende Rückführung	variable (elastic) feedback
связь/замедляющая обратная	verzögernde Rückführung	lagged feedback
связь/обратная	Feedback	feedback
связь/отрицательная обратная	Gegenkopplung	negative feedback
связь/отрицательная обратная	negative Rückführung	negative feedback
связь/положительная обратная	Mitkopplung	positive feedback
связь/положительная обратная	positive Rückführung	positive feedback
сигнал	Signal	signal
сигнал, зависящий от измеряемой величины	meßwertabhängiges Signal	measuring signal
сигнал обратной связи	Rückführsignal	feedback signal
сигнал/аналоговый	analoges Signal	analog signal

сигнал/бинарный	binäres Signal	binary signal
сигнал/входной	Eingangssignal	input signal
сигнал/выходной	Ausgangssignal	output signal
сигнал/дискретный	diskretes Signal	discrete signal
сигнал/командный	Befehlssignal	command signal
сигнал/многомерный	mehrstelliges Signal	multiple signal
сигнал/многоточечный	Mehrpunktsignal	multi-step signal, multi-position signal
сигнал/непрерывный	kontinuierliches Signal	continuous signal
сигнал/непрерывный	stetiges Signal	continuous signal
сигнал/однозначный	einstelliges Signal	
сигнал/ответный импульсный	Stoßantwort	impulse response
сигнал/параллельный	Parallelsignal	parallel signal
сигнал/последовательный	Seriensignal	series signal
сигнал/прерывистый	diskontinuierliches Signal	discontinuous signal
сигнал/прерывистый	unstetiges Element	discontinuous signal
сигнал/унифицированный	Einheitssignal	
сигнал/цифровый	digitales Signal	digital signal
система	System	system
система каскадного регулирования	Kaskadenregelung	cascade control system
система кондиционирования воздуха	Klimaregelung	climate control
система минимума фаза	Phasenminimumsystem	
система нелинейного регулирования	nichtlineare Regelung	non-linear control
система непрямого регулирования	nichtselbsttätige Steuerungen	power-assisted control
система непрямого регулирования	nichtselbsttätige Regelung	power-assisted control
система последовательного включения	sequentielles Schaltsystem	sequential switching system
система регулорования	Regelung	control
система регулирования нескольких величин	Mehrgrößenregelung	multi-variable control
система с обратной связью дискретных данных	Abtastregelung	sampled-data control
система следящего регулирования	Nachlaufregelung	servo control
система управления	Steuerung	[open loop] control, directing
система регулирования/ автоматическая	automatische Regelung	automatic regulation, self-regulation
система управления/автоматическая	automatische Steuerung	automatic control
система/адаптивная	adaptives System	adaptive system

система/бинарная	binäres Schaltsystem	binary number system
система без запоминающего устройства/коммутационная	speicherfreies Schaltsystem	
система регулирования/ разомкнутая	aufgeschnittener Regelkreis	open loop
система/самонастраивающаяся	selbstanpassendes System	self-adapting system
система/самоприспосабливающаяся	selbsteinstellendes System	self-adjusting system
система/самоустанавливающаяся	selbsteinstellendes System	self-adjusting system
система регулироваиия/ цифровая	digitale Regelung	digital control
система управления/цифровая	digitale Steuerung	digital control
система регулирования/ экстремальная	Extremwertregelung	extremal control
скачок/единичный	Einheitssprung	unit-step function
скорость регулирования	Stellgeschwindigkeit	regulating speed
слово/кодовое	Kodewort	code word
способ касательной в точке перегиба	Wendetangentenverfahren	
способ компенсации	Kompensationsverfahren	compensation method
способ характеристики времени в процентном выражении	Zeitprozentkennwertverfahren	
средства программирования	Software	software
стабильность	Stabilität	stability
степень автоматизации	Automatisierungsgrad	level of automation
схема обратной связи	Rückführschaltung	feedback circuit
схема И	UND-Glied	AND-element
схема НЕ	Negator	NOT-gate
схема прохождения сигнала	Signalflußplan	signal flow diagram
схема включения/ключевая	Einschalttor	switch-on gate
схема выключеиия/ключевая	Ausschalttor	switch-off gate
схема переключения/ ключевая	Umschalttor	double-throw gate
схема частоты/логаритмическая	logarithmisches Frequenzbild	Bode diagram
схема/опрокидивающая	Flip-Flop	flipflop
схема/параллельная	Parallelschaltung	parallel connection
схема/последовательная	Serienschaltung	serial (series) connection
схема/последовательная	Reihenschaltung	series connection
схема/сериесная	Reihenschaltung	series connection
схема/функциональная	Gatter	gate

Т

таблица занятости схемы	Schaltbelegungstabelle	
телемеханика	Fernwirktechnik	telecontrol engineering
телеуправление	Fernsteuerung	remote control
тетрада	Tetrade	tetrade
техника измерения, управления и регулирования производственных процессов	BMSR-Technik	process instrumentation and control engineering
техника/аналоговая	Analogtechnik	analog technique
техника/цифровая	Digitaltechnik	digital technique
точка деления	Divisionsstelle	
точка разветвления	Verzweigungsstelle	branching, junction
точка суммирования	Additionsstelle	summing point
точка умножения	Multiplikationsstelle	
точка/критическая	kritischer Punkt	critical point
тракт прохождения сигнала	Signalflußweg	control path

У

узел/функциональный	Funktionsgruppe	functional modul
управление	Steuern	[open loop] control, directing
управление	Steuerung	[open loop] control, directing
управление по нагрузке	Führungssteuerung	
управление процессом	Prozeßsteuerung	process control
управление/автоматическое	automatische Steuerung	automatic control
управление/автоматическое	selbsttätige Steuerung	automatic control
управление/дистанционное	Fernsteuerung	remote control
управление/задающее	Führungssteuerung	
управление/непрямое	nichtselbsttätige Steuerungen	power-assisted control
управление/приоритетное	Vorrangsteuerung	priority
управление/программное	Zeitplanregelung	program control
управление/программное	Programmsteuerung	program control
управление по состоянию прохождения процесса/программное	Ablaufsteuerung	operating control
управление/ручное	Handsteuerung	hand operation
управление/следящее	Folgesteuerung	sequential control
управление/цифровое	digitale Steuerung	digital control

управление/цифровое	numerische Steuerung	numerical control
усиление замкнутого шлейфа	Kreisverstärkung	closed-loop gain
усилитель	Verstärker	amplifier
усилитель/измерительный	Meßverstärker	measuring (signal) amplifier
успокоение	Dämpfung	attenuation
установка регулирования	Regelanlage	automatic control system
установка/комплексная	Gesamtanlage	
установка производства/контрольная	Produktionskontrollanlage	
установка/регулируемая	geregelte Anlage	controlled plant, object
установкб/регулирующая	Regelanlage	automatic control system
установка/управляемая	gesteuerte Anlage	controlled plant, object
установка/управляющая	Steueranlage	control object
устройство	Einrichtung	equipment, installation
устройство ручной установки	Handeinsteller	hand adjustment set
устройство/вспомогательное	Hilfseinrichtung	auxiliary attachment
устройство процессов/вычислительное	Prozeßrechner	process[-control] computer
устройство/задающее	Sollwertgeber	director
устройство/запоминающее	Speicher	storage
устройство сигнала/переходное	Signalweiche	
устройство/предсказывающее	Prädiktor	predictor
устройство/регулирующее	Regeleinrichtung	control equipment
устройство/сравнивающее	Vergleichsglied	comparing element
устройство/управляющее	Steuereinrichtung	process equipment

Ф

форма/дисъюнктивная нормальная	disjunktive Normalform	
форма/нормальная каноническая дисъюнктивная	kanonische disjunktive Normalform	
фронт амплитуды	Amplitudenrand	amplitude margin
функция включения	Schaltfunktion	switching function
функция передачи	Übertragungsfunktion	transfer function
функция/весовая	Gewichtsfunktion	weighting function
функция/единичная	Einheitssprung	unit-step function

функция/игольчатая	Nadelfunktion	needle (impulse) function
функция/импульсная	Stoßfunktion	
функция/коммутацион- ная	Schaltfunktion	switching function
функция/передаточная	Übertragungsfunktion	transfer function
функция/передаточная	Sprungantwort	step response
функция/переходная	Übergangsfunktion	step (transient) function
функция/пилообразная ступенчатая	Rampenfunktion	ramp function
функция/скачкообраз- ная	Sprungantwort	step response

Х

характеристика	Kennlinie	characteristic
характеристика воз- мущающих восдейст- вий	Störverhalten	disturbance response
характеристика частоты помех	Störfrequenzgang	parasitic frequency response
характеристика/ампли- тудная	Amplitudenkennlinie	amplitude characteristic
характеристика/ампли- тудно-частотная	Amplitudengang	amplitude frequency re- sponse
характеристика/задаю- щая	Führungsverhalten	
характеристика/стати- ческая	statische Kennlinie	static characteristic
характеристика/фазовая	Phasenkennlinie	phase curve
характеристика/фазовая	Phasengang	phase response
характеристика/частот- ная	Frequenzkennlinie	frequency characteristic
характеристика/частот- ная	Frequenzgang	frequency response
ход системы регулиро- вания/рабочий	Arbeitsbewegung einer Regelung	

Ц

| цепь регулирования | Regelkreis | control loop |
| цепь управления | Steuerkette | control chain |

Э

элемент	Glied	element, link, term
элемент ввода	Eingabeglied	
элемент времени запазды- вания	Totzeitglied	dead time element
элемент выдачи	Ausgabeglied	output unit
элемент задержки	Zeitglied	timer, timing element
элемент запаздывания	Zeitglied.	timer, timing element
элемент запаздывания	Verzögerungsglied	lag-element
элемент И	UND-Glied	AND-element

элемент И-НЕ	NAND-Glied	NAND-element
элемент ИЛИ	ODER-Glied	OR-element
элемент ИЛИ-НЕ	NOR-Glied	NOR-element
элемент ключевой схемы	Torglied	gate element
элемент конструкции	Bauglied	element
элемент конъюнкции	Konjunktionsglied	conjunction element
элемент логической связи	logisches Verknüpfungs- element	logical circuit module
элемент НЕ	NICHT-Glied	NOT-element
элемент передачи	Übertragungsglied	transfer circuit
элемент развертки	Abtastglied	sampling element
элемент/активный	aktives Glied	active element
элемент/двухпозицион- ный	Zweipunktglied	two-step element, on-off element
элемент/измерительный	Meßfühler	detecting element
элемент передачи/линей- ный	lineares Übertragungsglied	linear transfer circuit
элемент/многопозицион- ный	Mehrpunktglied	
элемент передачи/нели- нейный	nichtlineares Übertragungs- glied	non-linear element
элемент/пассивный	passives Glied	passive element
элемент/разделительный	Disjunktionsglied	disjunction unit
элемент/решающий	Rechenglied	computing element
элемент/следящий	Folgeglied	sequence term
элемент/трехпозицион- ный	Dreipunktglied	
элемент/функциональ- ный	Funktionselement	functional modul
элементы логики	logische Glieder	logic elements
элементы/логические	logische Glieder	logic elements

Ч

частота собственных ко- лебаний	Eigenfrequenz	natural frequency
частота/собственная	Eigenfrequenz	natural frequency
ЧИМ с. модуляция час- тоты импульсов		
член	Glied	element, link, term

Ш

| шифрирование | Verschlüsselung | coding |

Щ

| щит/контрольно-из- мерительный | Meßwarte | control centre |

Literaturverzeichnis

[1] TGL 14591 – Steuerungs- und Regelungstechnik; Kennzeichen und Symbole.

[2] TGL 14091 – Steuerungs- und Regelungstechnik; Benennungen und Begriffe.

[3] *Oppelt, W.:* Kleines Handbuch technischer Regelvorgänge. Berlin: VEB Verlag Technik, Verlag Chemie Weinheim, Bergstraße.

[4] *Fuchs, H.:* Digitale Regelungen. REIHE AUTOMATISIERUNGSTECHNIK, Bd. 21.

[5] *Fuchs, H., Könitzer, L.:* Digitale Meßwerterfassung. REIHE AUTOMATISIERUNGS-TECHNIK, Bd. 46.

[6] *Fuchs, H.; Weller, W.:* Mehrfachregelungen. REIHE AUTOMATISIERUNGSTECHNIK, Bd. 59.

[7] *Hartmann, G.:* Zweipunktregelungen. REIHE AUTOMATISIERUNGSTECHNIK, Bd. 33.

[8] *Jeschke, L.:* Kleines Lexikon der Betriebsmeßtechnik. REIHE AUTOMATISIERUNGS-TECHNIK, Bd. 54.

[9] *Zemlin, E.:* Grundzüge des Frequenzkennlinienverfahrens. REIHE AUTOMATISIE-RUNGSTECHNIK, Bd. 36.

[10] *Dittmann, H.:* Kennwertermittlung von Regelstrecken und Regelgeräten. REIHE AUTO-MATISIERUNGSTECHNIK, Bd. 20.

[11] *Sydow, A.:* Elektronische Analogrechner. REIHE AUTOMATISIERUNGSTECHNIK, Bd. 6.

[12] *Philippow, E.:* Taschenbuch der Elektrotechnik, Bd. I. Berlin: VEB Verlag Technik 1963.

[13] Wörterbuch der Kybernetik. Herausgegeben von G. Klaus. Berlin: Dietz Verlag 1967.

[14] *Paulin, G.:* Kleines Lexikon der Datenverarbeitung. REIHE AUTOMATISIERUNGS-TECHNIK, Bd. 52.

[15] *Schwarze, G.:* Grundbegriffe der Automatisierungstechnik. REIHE AUTOMATISIE-RUNGSTECHNIK, Bd. 1, 4. Aufl.

[16] *Autorenkollektiv:* Fachwörterbuch „Begriffe und Sinnbilder der Datenverarbeitung". Schriftenreihe Datenverarbeitung des idv Dresden. Berlin: Verlag Die Wirtschaft 1968.

[17] *Sydow, A.:* Programmierungstechnik für elektronische Analogrechner. 2. Aufl. Berlin: VEB Verlag Technik 1968.

[18] *Steinbuch, K.:* Taschenbuch der Nachrichtenverarbeitung. Berlin, Göttingen, Heidelberg: Springer-Verlag 1967.

[19] *Solodownikow, W. W.:* Grundlagen der selbsttätigen Regelung. Berlin: VEB Verlag Technik; München: Verlag R. Oldenburg 1958.

[20] *Tsien, H. S.:* Technische Kybernetik. Stuttgart, Berlin 1958.

[21] *Popow, E. P.:* Dynamik automatischer Regelsysteme. Berlin: VEB Verlag Technik 1958.

[22] *Oldenbourg, R.; Satorius, H.:* Dynamik selbsttätiger Regelungen, Bd. 1. München: Verlag R. Oldenbourg 1951.

[23] *Chestnut, H.:* Systems Engeneering Tools. New York: John Wiley a. Sons Inc. 1965.

[24] *Mesarowic, M. D.* (editor): Views on general system theorie. New York: Wiley 1964.

[25] *Gibson, J. E.:* Non linear automatic control. New York: McGraw-Hill 1963.

[26] *Schöpflin, H.:* Projektierung von Regelungsanlagen. REIHE AUTOMATISIERUNGS-TECHNIK, Bd. 15.

[27] *Peschel, M.:* Kybernetik und Automatisierung. REIHE AUTOMATISIERUNGSTECH-NIK, Bd. 30.

[28] *Müller, J.; Müller, R.:* Stellglieder für Stoffströme. Berlin: VEB Verlag Technik 1968.

[29] *Schlitt, H.:* Systemtheorie für regellose Vorgänge. Berlin: Springer-Verlag 1961.

[30] *Lange, F. H.:* Korrelationselektronik. Berlin: VEB Verlag Technik 1962.

[31] *Tschauner, J.:* Einführung in die Theorie der Abtastsysteme. München: Verlag R. Oldenbourg 1960.

[32] *Zypkin, J. S.:* Theorie der Relaissysteme der automatischen Regelung. Berlin: VEB Verlag Technik, München: R. Oldenbourg 1958.

[33] *Trnka, Z.:* Einführung in die Regelungstechnik. Berlin: VEB Verlag Technik 1956.

[34] *Schwarze, G.:* Übersicht über die Zeitprozentkennwertmethode zur Ermittlung der Über-tragungsfunktion aus Gewichtsfunktion, Übertragungsfunktion und Anstiegsantwort. msr *8* (1965) H. 10.

[35] *Solodownikow, W.; Uskow, A.S.:* Statische Analyse von Regelstrecken. Berlin: VEB Verlag Technik 1963.

[36] *Reinisch, K.:* Formel zur Bemessung von Regelkreisen einschließlich Totzeit unter Einwirkung determinierter aperiodischer Störungen. msr 7 (1964) H.3.

[37] *Fuchs, H.:* Entkopplung von Mehrfachregelungen durch PI- und PID-Regler. Technische Information GRW (1965) H.1.

[38] *Pestel, E.; Kollmann, E.:* Grundlagen der Regelungstechnik. 2.Aufl. Braunschweig: Vieweg-Verlag 1969.

[39] *Schwarz, H.:* Einführung in die moderne Systemtheorie. Braunschweig: Vieweg-Verlag 1968.